建设工程工程量清单与施工合同

柯 洪 主 编

徐 中 甘少飞 副主编　　尹贻林 主 审

中国建材工业出版社

图书在版编目（CIP）数据

建设工程工程量清单与施工合同/柯洪等主编．
—北京：中国建材工业出版社，2014.10
　　ISBN 978-7-5160-0965-9

　　Ⅰ.①建… Ⅱ.①柯… Ⅲ.①建筑工程－工程造价－
中国②建筑工程－工程施工－经济合同－中国 Ⅳ.
①TU723

中国版本图书馆 CIP 数据核字（2014）第 214842 号

建设工程工程量清单与施工合同

柯洪　主编　徐中　甘少飞　副主编

出版发行：中国建材工业出版社
地　　址：北京市海淀区三里河路 1 号
邮　　编：100044
经　　销：全国各地新华书店
印　　刷：北京雁林吉兆印刷有限公司
开　　本：710mm×1000mm　1/16
印　　张：13.75
字　　数：227 千字
版　　次：2014 年 10 月第 1 版
印　　次：2014 年 10 月第 1 次
定　　价：47.80 元

本社网址：www. jccbs. com. cn　　微信号公众：zgjcgycbs
本书如出现印装质量问题，由我社发行部负责调换。联系电话：(010) 88386906

前　言

2013 版《建设工程工程量清单计价规范》于 2013 年 7 月 1 日正式生效，这标志着中国工程造价事业正在向放松管制走近，并向 FIDIC 合同体系和国际惯例靠拢。2013 版《清单计价规范》充分考虑了未来建筑市场的市场化需要，制定了建筑市场秩序，让市场和公民自主选择，这是响应《国务院关于第六批取消和调整行政审批项目的决定》中"两个凡是①"的体现，为今后建筑市场的市场化推广做了良好的铺垫。

相较于 2008 版《清单计价规范》，2013 版《清单计价规范》和《合同示范文本》在风险分担理论中强调了调价的应用，并且从对责任的强化来反映了2013 版《清单计价规范》对风险分担理论的重视，具体包括：

1. 加强了发包方对工程量清单准确性的管理职责；
2. 加强了发包方对评标环节的管理职责；
3. 加强了发包方对物价波动引起调价的管理职责；
4. 加强了发包方对模拟工程量清单招标的管理职责；
5. 加强了发包方对措施费调整策略的管理职责；
6. 加强了发包方对招标控制价编制的管理职责。

与此同时，2013 版《清单计价规范》规定平时工程中形成已确认的并已支付的工程量和工程价款直接进入结算，否定了竣工图重算加增减账法，意味着工程造价人员应重视每一次计量与支付，并且如果发生超付，则超付风险由发包人承担。

中国建设工程造价管理协会秘书长吴佐民同志对工程造价的实质做了如下解释：工程造价实质上是以工程成本为核心的项目管理。根据这一解释，工程造价既是一个概念，又是一系列管理活动的组合。因此，我们可以重构工程造价体系，即以项目管理为着眼点，以项目全生命周期为全过程，以成本管理理论为中心，以合同为依据，形成基于项目管理的工程造价体系。而这种新型的理论体系无疑是符合国际 RICS/AACE/ICEC 等组织对工程造价的定义，也有利于工程造价事业不断发展的趋势。2013 版《清单计价规范》宣贯教材系列丛书是在 2013

---

① 凡公民、法人或者其他组织能够自主决定，市场竞争机制能够有效调节，行业组织或者中介机构能够自律管理的事项，政府都要退出。凡可以采用事后监管和间接管理方式的事项，一律不设前置审批。

版《清单计价规范》的基础上，对工程造价体系进行全方位的解读与操作实务介绍。

此外，工程价款是对工程项目中合同价格等概念及支付、调价、索赔、签证、结算等各种活动的统称，这是一个介于工程监理活动和工程造价活动的 Gap（缝隙），值得我们大力研究，我从 2008 年开始构思这一理论体系，并用了 5 年时间撰写讲稿并在工程造价咨询业界巡回演讲，进行工程造价纠纷处理等具体实务工作，这套丛书体现了上述思想，请广大同行借鉴并指正！

尹贻林　博士　教授

天津理工大学公共项目与工程造价研究所　所长

2014 年 8 月

序

随着《建设工程工程量清单计价规范》（GB50500-2013）和《建设工程施工合同（示范文本）》（GF-2013-0201）的颁布实施，意味着工程造价专业人员的职能定位已经逐渐从传统的计量计价业务转移到以合同价款管理为核心的工程管理领域。在这一转型过程中，需要工程造价专业人员掌握新的知识和能力，从传统的主要解决造价技术问题转向为更多地解决造价的管理问题，主要从事合同价款的约定、调整、支付与结算管理工作。

2013 版《清单计价规范》中主要明确在合同价款的完整形成过程中各阶段的组价原则，而 2013 版《示范文本》给定了明确的承发包双方的合同风险分担原则，并且在风险分担理论中强调了调价的作用。两个规范的结合为合同价款的约定和实现提供了充分的程序性和原则性保障。

本书围绕工程合同价款的形成过程展开，有机结合了 2013 版《清单计价规范》和《示范文本》的内容，体现以下特点：

1. 对工程合同的风险分担进行了充分理论阐述，通过在合同中初次风险分担和再分担方案的阐述，揭示了合理的风险分担对工程项目管理绩效的改善效应。目的是改变目前工程实践中发包人（招标人）利用自身的合同优势地位将大量风险向承包人转嫁的不合理现象，论证了合理的风险分担方案使合同双方都能达到较高的满意度。

2. 通过阐述施工合同的天然不完备性解释了实施过程中工程合同价款调整的必然性。由于有限理性、不完全信息和交易成本的存在，使得施工合同具有天然的不完备性，并具备了不同形式的表征状态，不完备性的存在使得合同实施过程中必然存在主观因素和客观环境的变化。因此，在合同价款管理过程中，合同价款的调整方式是非常重要的工作内容之一，需要给予高度的重视。

3. 在理论指导下，将 2013 版《清单计价规范》与《示范文本》的内容有机结合起来，以合同价款的约定、调整、支付结算为主线，以 2013 版《清单计价规范》中规定的各组价事项为基础，综合了 2013 版《示范文本》中的风险分担原则以及各调价、支付、结算事项的管理和程序性规定，真正构建了以合同价款管理为核心的工程管理过程。

4. 阐述了施工合同价款纠纷处理的方式和原则。以《关于审理建设工程施工合同纠纷案件适用法律问题的解释》（法释【2014】14 号）为主要依据，阐述了工程施工合同纠纷的处理方式，以及不同纠纷事件的处理原则。并辅之以大量的工程纠纷处理案例，以达到理论诠释与工程实践相结合的目的。

本书由柯洪担任主编，徐中、甘少飞担任副主编。具体撰写分工如下：甘少飞编写第一、三章，徐中编写第二、四章，崔智鹏编写第五、七章，岳璐编写第六章，李文静编写第八章，徐慧声编写第九章，王金枝编写第十、十一章，续金妍编写第十二、十三章，李凌洋编写第十四、十五章。

由于编者水平有限，书中仍有尚待商榷之处，请各位读者多提宝贵意见！

目　录

第一篇　建设工程施工合同价款的约定

第二篇　建设工程施工合同价款的调整

绪　　论

一、《建设工程施工合同（示范文本）》的修订背景及过程

《建设工程施工合同（示范文本）》（GF-1999-0201）（下文简称为99版《示范文本》）是在总结施工合同示范文本推行经验及借鉴国际上一些通行的施工合同文本的基础上，对原《建设工程施工合同》（GF-1991-0201）修订完成的，适用于各类公用建筑、民用住宅、工业厂房、交通设施及线路管道的施工和设备安装。该版合同自原建设部会同国家工商行政管理总局印发施行以来，对于规范建筑市场主体的交易行为，维护参建各方的合法权益起到了重要的作用。但是，随着我国建设工程法律体系的日臻完善、项目管理模式的日益丰富、造价体制改革的日趋深入，99版《示范文本》越发不能适应工程市场环境的变化，逐渐暴露出以下问题：

1. 与现行法律体系不相适应

99版《示范文本》自颁布实施至今已有14年时间，期间国家出台大量的涉及工程建设领域的法律、行政法规、规章和规范性文件，如《合同法》、《物权法》、《招标投标法》等法律，《招标投标法实施条例》、《建设工程质量管理条例》和《建设工程安全生产管理条例》等法规以及《建设工程价款结算暂行办法》、《建设工程质量保证金管理暂行办法》等规章、规范。

从与现行法律体系相匹配来看，99版合同内容与现行法律规范存在冲突，影响到施工合同管理以及合同风险控制等方面，尤其对于解决施工合同中暴露出来的典型问题显得乏力，比如招标发包的合同效力问题、转包挂靠问题、暂估价项目的管理问题、情势变更问题、迟延结算和支付问题、暂停施工问题、竣工验收与移交问题、缺陷责任问题、质量保证金返还问题、合同解除等问题。

2. 与建筑市场发展的实践情况不相适应

99版《示范文本》颁布实施之前，我国建筑市场的专业化程度较低、行政管制较多，因此在合同条款设置上较为粗放，更多地体现了行政力量的介入。但随着我国建筑市场的快速发展，工程建设的专业化、市场化日益突出，特别是随着国内外建筑市场的进一步融合，对于合同文本的专业性和操作性提出了更高的要求。

从实际使用情况来看，因合同约定不明确产生纠纷的情况时有发生，如99

版《示范文本》中没有考虑暂停施工的问题，而暂停施工作为目前施工合同履行中的常见现象和纠纷争议事项，亟须予以规范；再如99版《示范文本》中没有对开工的程序进行约定；另外，99版《示范文本》在结构和内容上存在条款设置粗放等问题，不能有效地指导复杂的工程活动。

3. 与工程环境的需求不相适应

工程项目建设涉及到众多内外部风险，并且发承包双方建设项目的目标并不一致。发包人希望承包商按预期目标建设项目，但发包人并不希望承担风险，因此会把过多的风险转移给承包商使其无法承担，承包商为弥补风险损失往往会进行偷工减料。承包商以获利为目的承包项目，往往利用发包人承担的风险获取额外收益，导致发包人的不信任，致使发包人把所有风险转移给承包商，这样发承包双方便进入了一个死循环，这并不是应对工程环境风险的有力措施，因此为了合理应对众多的工程环境中存在的风险，使双方目标得以实现，发承包双方必须在合同中加强风险分担。

99版《示范文本》将合同分为固定价格合同、可调价格合同、成本加酬金合同，"固定价格"与"可调价格"是风险分担的表现，己方承担的风险发生不调价表现为"固定价格"，己方不承担的风险发生需要调价表现为"可调价格"，但在实际中施工合同价款并非永远不可调整，没有绝对的固定价格，固定合同使合同价款调整异常困难，加重了承包商的风险责任。由此可见，99版《示范文本》对风险分担的程度已不足以满足工程环境的需要，亟需加强风险分担的新示范文本的出台。

因此，对于99版《示范文本》进行修订势趋必然。2009年，住房和城乡建设部建筑市场监管司委托北京建筑工程学院（现北京建筑大学）起草和修订《建设工程施工合同（示范文本)》。形成征求意见稿后，于2011年3月9日在住房和城乡建设部网站上向社会公开征求意见。在对征求意见稿进行了修改和完善，经过4次专家论证会、1次审定会讨论后，于2012年10月形成了报批稿。后又经征求住建部标准定额司、工程质量安全司的意见，对示范文本报批稿进行了再改善。2013年4月，住房和城乡建设部联合国家工商行政管理总局印发建市〔2013〕56号文件，批准《建设工程施工合同（示范文本)》（GF-2013-0201)（下文简称13版《示范文本》)，自2013年7月1日起正式执行。

二、《建设工程施工合同（示范文本)》与《清单计价规范》的关系

13版《示范文本》与《建设工程工程量清单计价规范》（GB50500-2013）（以下简称13版《清单计价规范》）先后发布并同时开始实施。13版《示范文本》总结了实行工程量清单计价的经验和取得的成果，从工程计价的实际发展出发，完善了清单计价中有关招标控制价、投标报价、合同价、工程计量与工程价

款、工程价款的调整、索赔、竣工结算、计价争议处理等内容，覆盖了工程施工的全过程。在合同类型和价款调整等方面均体现了与13版《清单计价规范》的匹配与对接。

1. 合同价款形式的匹配与对接

建设工程施工合同是发包人对拟建工程招标成果的认可，是发承包双方就拟建工程实施、调价及结算的凭证。合同价款形式的选择对工程施工管理及价款结算起决定作用，对规范发承包双方计量计价行为、明确双方风险分担责任、增强合同价款调整、竣工结算与建设工程实践的契合度起关键作用。

为了满足建设工程施工管理及实践的需要，13版《示范文本》按照合同的计量、调价及支付方式，将合同价款形式划分为单价合同、总价合同、其他价格形式三类，这种合同的类型划分方式在与13版《清单计价规范》相匹配的同时，也逐渐与国际惯例接轨。

表0-1　建设工程施工相关规范及示范文本中合同价格类型对比

名称	发布日期	对合同价格/价款的约定方式		
99版示范文本	1999年	固定价格合同	可调价格合同	成本加酬金合同
建设工程价款结算暂行办法	2004年10月	固定总价	可调价格合同	固定单价
13版清单计价规范	2012年12月	单价合同	总价合同	成本加酬金合同
13版示范文本	2013年4月	单价合同	总价合同	其他价格形式合同
建筑工程施工发包与承包计价管理办法	2013年12月	单价形式	总价形式	其他价格形式
国际通行做法	经历年演变	单价合同	总价合同	成本加酬金合同

从表0-1对比可知，随着建筑市场的逐步发展和规范，无论是13版《清单计价规范》，还是13版《示范文本》都加强了对风险分担的正视与重视。传统意义上的价格的"固定"已经不复存在，即从侧面反映合同价格的调整已成为一种必然，反映发包人风险分担的一种必然。13版《示范文本》也正是从合理约定合同价格的基础上，将合同类型统一于总价合同、单价合同两种，与国际惯例接轨，并以合理调价为手段，实现承包人实施工程建设施工、发包人支付价款的权利义务配置。另外，由于存在大量的私人工程以及非招标工程等，13版《示范文本》还约定了"其他价格形式"的合同类型，为双方合同约定提供一种自由及灵活性。

2. 合同价款调整的匹配与对接

在工程的整个建设期内，构成工程造价的任何因素发生变化都必然会影响工程造价的变动，最终的合同价款不能一次性可靠确定并固定，一般要到竣工结算后才能最终确定合同价款。因此，在工程实施过程中，发承包双方需就合同约定或未能事先预期的合同价款调整事项进行合同价款调整，不断保持合同价款和工程计量支付的平衡，进行合理风险分担、顺利推进项目施工及结算，使合同真正成为发承包双方权利义务的载体和权利对等的保障。

表0-2　调整合同价款若干重大事项的分类与对比

名称序号	13版《示范文本》		13版《清单计价规范》	
1	11　价格调整	11.2 法律变化引起的调整	法规变化类	9.2 法律法规变化
2		11.1 市场价格波动引起的调整	工程变更类	9.3 工程变更
3	10　变更	10.7 暂估价		9.4 项目特征不符
4		10.8 暂列金额		9.5 工程量清单缺项
5		10.9 计日工		9.6 工程量偏差
6	7　工期和进度	7.5 工期延误		9.7 计日工
7		7.9 提前竣工	物价变化类	9.8 物价变化
8	17　不可抗力			9.9 暂估价
9	19　索赔			9.10 不可抗力
10	1.13　工程量清单错误的修正	工程量清单存在缺项、漏项的	工程索赔类	9.11 提前竣工（赶工补偿）
11		工程量偏差超过合同约定的范围		9.12 误期赔偿
12				9.13 索赔
13		未按照国家现行计量规范强制性规定计量	其他类	9.14 现场签证
14				9.15 暂列金额

由表0-2可知，13版《示范文本》中各价款调整事项分布于合同通用条款中，而13版《清单计价规范》则将合同价款调整事项在第九章中进行汇总并分类，为规范和管理制定详细条款。对比可知，虽然13版《示范文本》与13版《清单计价规范》关于合同价款调整各事项的定义和分类有所差别，这是由于二者的作用不同，13版《示范文本》的主要作用在于明确发承包双方的权利义务，侧重的是价款调整的程序，而13版《清单计价规范》主要在于规范双方的计量计价行为，侧重的是价款调整的内容。但是二者关于影响合同价款事项的约定是一致的，影响合同价款调整的主要事项都是变更、调价、索赔、不可抗力等。

3. 合同价款计量支付的匹配与衔接

计量支付作为一种保证工程质量和工程进度的重要手段，直接关系着发包人和承包人的经济利益，是工程管理工作的一项重要的内容。在工程实施过程中，通过计量支付，一方面可以及时的确认已完工程量，避免工程进度与支付费用的不同步给发包人带来的资金失控，另一方面可避免因费用支付的不及时而使得承包商资金周转困难。13版《示范文本》与13版《清单计价规范》中的计量和支付的条款对比如表0-3所示。

表 0-3　计量与支付条款的分类与对比

名称 序号	13 版《示范文本》			13 版《清单计价规范》	
1	12.3 计量	12.3.3 单价合同的计量	8　工程计量		8.2 单价合同的计量
2		12.3.4 总价合同的计量			8.3 总价合同的计量
3		12.3.6 其他价格形式合同的计量			8.1.4 成本加酬金合同的计量
4	6.1.5 文明施工	6.1.6 安全文明施工费	10　合同价款的中期支付		10.2 安全文明施工费
5	12.2 预付款	12.2.1 预付款的支付			10.1 预付款
6		12.2.2 预付款的担保			
7	12.4 工程进度款的支付	12.4.4 进度款审核和支付			10.3 进度款
8		12.4.6 支付分解表			
9	14　竣工结算	14.1 竣工结算申请	11　竣工结算与支付		11.2 编制与复核
10		14.2 竣工结算审核			
11		14.4 最终结清			11.6 最终结清
12	15　缺陷责任与保修	15.3 质量保证金			11.5 质量保证金

由表 0-3 可知，13 版《示范文本》与 13 版《清单计价规范》中的计量和支付的条款是相互匹配与衔接的，两者的差别在于 13 版《示范文本》侧重于强调计量和支付的程序，而 13 版《清单计价规范》侧重于强调计量和支付的内容，同时这也是本书需要贯彻的原则，合同价款调整、支付的程序以 13 版《示范文本》的规定为准，内容则以 13 版《清单计价规范》的规定为准。

三、《建设工程施工合同（示范文本）》的作用与影响

1. 使得合同的签订过程更高效

随着我国经济的发展，建筑行业也在追求效率，力争以最少的投入获得最大的经济利润，而 13 版《示范文本》精简了合同的缔约程序，大幅减少了当事人构思合同内容的时间。13 版《示范文本》在制定时总结了我国实际建设活动反复出现的工程交易谈判和合同条款设计规律，具有格式性、全面性和特定性，因此其使合同的签订过程更为简易，降低了缔约成本，提高了交易活动的经济效益，降低了时间成本。

2. 使得签订的合同格式更规范

13 版《示范文本》是国家为规范建筑市场秩序而颁布的格式合同条件，因此相对于自制的合同文件，13 版《示范文本》具有较强的操作性和规范性，词语的规定更为具体，结构也更趋合理，能为合同双方当事人提供明确标准与依据。13 版《示范文本》具有较强的操作性和规范性，有利于指引和辅导工程各个项目主体签订工程施工合同。因此对于不具备法律知识，或是虽具备法律知识

但不具备工程建设专业知识的企业或个人来说，选用 13 版《示范文本》可以有效地减少合同纠纷。

3. 使得合同内容更全面

13 版《示范文本》在修订时不仅咨询了建筑领域的资深专家，还结合我国的具体国情和工程建设的实际情况，遵循法律、法规的立法思想并借鉴 99 版 FIDIC《施工合同条件》，因此这是一本将工程技术、法律、经济、管理等尽可能结合于一体的示范文本。13 版《示范文本》从纵向上看，包括了自订立合同到终止合同的各个环节；从横向上看，对项目管理的主要内容均有涉及，内容比较全面。

4. 对于建设工程施工及理论研究的影响

13 版《示范文本》具有较强的普遍性和通用性，是通用于各类建筑工程施工的基础性合同文件，适用于国内各种类型的土木工程，包括各类公用建筑施工、民用建筑施工、工业厂房施工、交通设施及线路管道的施工等。自其颁布以来已在我国建设工程领域中被广泛使用并在我国建设工程项目中发挥了非常重要的作用。13 版《示范文本》的核心内容不仅是项目管理类书籍的重要内容，也是工程类职业资格考试的考试内容。因此，13 版《示范文本》对项目管理理论和实践均具有指导作用。

第一篇

建设工程施工合同价款的约定

第一章　合同价款约定的基本过程

第一节　招标工程量清单及招标控制价的编制

一、招标工程量清单的编制

招标工程量清单是招标人依据国家标准、招标文件、设计文件以及施工现场实际情况编制的，随招标文件发布供投标报价的工程量清单，包括对其的说明和表格。作为工程量清单计价的基础，是编制招标控制价、投标报价、计算或调整工程量、索赔等的依据之一。

（一）招标工程量清单的一般规定

（1）招标工程量清单应由具有编制能力的招标人或受其委托，具有相应资质的工程造价咨询人或招标代理人编制。

（2）招标工程量清单必须作为招标文件的组成部分，其准确性和完整性由招标人负责。

（3）招标工程量清单是工程量清单计价的基础，应作为编制招标控制价、投标报价、计算或调整工程量、施工索赔等的依据之一。

（4）招标工程量清单应以单位（项）工程为单位编制，由分部分项工程项目清单、措施项目清单、其他项目清单、规费和税金项目清单组成。

（二）招标工程量清单组成及应注意的问题

根据13版《清单计价规范》规定，招标工程量清单应以单位（项）工程为单位编制，应由分部分项工程项目清单、措施项目清单、其他项目清单、规费和税金项目清单组成。应注意的是，计量规范将措施项目划分为两类，即单价措施项目和总价措施项目，其中单价措施项目清单编制时与分部分项工程项目清单编制的规定基本一致，因此一般共同编制并计入分部分项工程和单价措施项目清单与计价表。

1. 分部分项工程项目清单编制时应注意的问题

分部工程是单项或单位工程的组成部分，是按结构部位、路段长度及施工特点或施工任务将单位工程划分为若干分部的工程；分项工程是分部工程的组成部分，系按不同施工方法、材料、工序及路段长度等将分部工程划分为若干个分项或项目的工程。分部分项工程项目清单必须载明项目编码、项目名称、项目特征、计量单位和工程量五项内容，其中应注意项目编码和项目名称的设置问题、项目特征的描述问题、计量单位的选择问题以及工程量的计算问题。

（1）项目编码的设置问题。分部分项工程量清单的项目编码，应采用十二位阿拉伯数字表示。一至九位应按13版《清单计价规范》相关工程国家计量规范的规定设置，其中一、二位为专业工程代码（01—房屋建筑与装饰工程；02—仿古建筑工程；03—通用安装工程；04—市政工程；05—园林绿化工程；06—矿山工程；07—构筑物工程；08—城市轨道交通工程；09—爆破工程）；三、四位为附录分类顺序码；五、六位为分部工程顺序码；七、八、九位为分项工程项目名称顺序码；十至十二位为清单项目名称顺序码，应根据拟建工程的工程量清单项目名称设置。

当同一标段（或合同段）的一份工程量清单中含有多个单位工程且工程量清单是以单位工程为编制对象时，项目编码十到十二位的设置不得有重码。

（2）项目名称的设置问题。根据13版《清单计价规范》规定，分部分项工程量清单的项目名称应按相关工程国家计量规范规定。其项目名称的设置，应考虑三个因素，一是相关工程国家计量规范规定的项目名称；二是相关工程国家计量规范规定的项目特征；三是拟建工程的实际情况。工程量清单编制时，以相关工程国家计量规范规定的项目名称为基础，考虑该项目的规格、型号、材质等特征要求，结合拟建工程的实际情况，使其工程量项目名称具体化、细化，能够反映影响工程造价的主要因素。

（3）项目特征的描述问题。工程量清单的项目特征是确定一个清单项目综合单价不可缺少的重要依据，在编制工程量清单时，必须对项目特征进行准确和全面的描述。但有些项目特征用文字往往又难以准确和全面的描述。为达到规范、整洁、准确、全面描述项目特征的要求，在描述工程量清单项目特征时，应按以下原则进行：

①项目特征描述的内容应按相关工程现行国家计量规范中的规定，结合拟建工程的实际，满足确定综合单价的需要。

②若采用标准图集或施工图纸能够全部或部分满足项目特征描述的要求，项目特征描述可直接采用详见××图集或××图号的方式。对不能满足项目特征描述要求的部分，仍应用文字描述。

（4）计量单位的选择问题。分部分项工程量清单的计量单位应按相关工程现行国家计量规范中规定的计量单位确定。当相关工程现行国家计量规范中有两个或两个以上计量单位的，应结合拟建工程项目的实际情况，确定其中一个为计量单位。同一工程项目的计量单位应一致。

工程计量时每一项目汇总的有效位数应遵守下列规定：

①以"t"为单位，应保留小数点后三位数字，第四位小数四舍五入；

②以"m"、"㎡"、"m³"、"kg"为单位，应保留小数点后两位数字，第三位小数四舍五入；

③以"台"、"个"、"件"、"套"、"根"、"组"、"系统"等为单位，应取整数。

（5）工程量的计算问题。分部分项工程量清单中所列工程量应按相关工程现行国家计量规范规定的工程量计算规则计算。工程量的计算是一项繁杂而细致的工作，为了计算的快速准确并尽量避免漏算或重算，必须依据一定的计算原则及方法：

①计算口径一致。根据施工图列出的工程量清单项目，必须与相关工程现行国家计量规范中相应清单项目的口径相一致。

②按工程量计算规则计算。工程量计算规则是综合确定各项消耗指标的基本依据，也是具体工程测算和分析资料的基准。

③按图纸计算。工程量按每一分项工程，根据设计图纸进行计算，计算时采用的原始数据必须以施工图纸所表示的尺寸或施工图纸能读出的尺寸为准进行计算，不得任意增减。

④按一定顺序计算。计算分部分项工程量时，可以按照定额编目顺序或按照施工图专业顺序依次进行计算。对于计算同一张图纸的分项工程量时，一般可采用以下几种顺序：

a. 按顺时针或逆时针顺序计算。从平面左上角开始，按顺时针或逆时针方向逐步计算，绕一周后回到出发点。

b. 按横竖顺序计算。从平面图的横竖方向，从左到右或从右到左，先横后竖，先上后下逐步计算。

c. 按编号顺序计算。按照图纸上注明的编号顺序计算。

d. 按轴线顺序计算。可按图纸上的轴线顺序进行计算，并将其部位以轴线号表示出来。

e. 按施工先后顺序计算。使用这种方法要求对实际的施工过程比较熟悉，否则容易出现漏项情况。

f. 按定额分部分项顺序计算。即在计算工程量时，对应施工图纸按照定额的章节顺序和字母顺序进行分部分项工程的计算。采用这种方法要求熟悉图纸，有较全面的设计基础知识。

2. 措施项目清单编制时应注意的问题

措施项目指为完成工程项目施工，发生于该工程施工准备和施工过程中技术、生活、安全、环境保护等方面项目。措施项目清单的编制需考虑多种因素，除工程本身的因素外，还涉及水文、气象、环境、安全等因素。由于影响措施项目设置的因素太多，计量规范不可能将施工中可能出现的措施项目一一列出，在编制措施项目清单时，因工程情况不同，出现计量规范中未列的措施项目，可根据工程的具体情况对措施项目清单作补充。

13 版《清单计价规范》在 08 版《清单计价规范》的基础上增加了专业工程，每个专业工程附录中给出了相应的措施项目，并把措施项目分为单价措施项目（可算出其工程量和单价的措施项目）与总价措施项目（按总价或系数计算的措施项目）。13 版《清单计价规范》中给出了措施项目的项目编码、项目名称、工作内容，对单价措施项目还给出项目特征及计量单位。由于 13 版《清单计价规范》中有 9 个专业工程，以房屋建筑与装饰工程、市政工程和城市轨道交通工程为例，其措施项目及内容如图 1-1 所示。

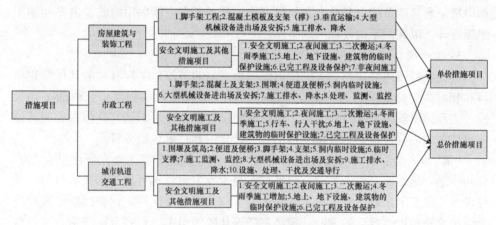

图 1-1　措施项目的分类及其内容

图 1-1 中除了安全文明施工及其他措施项目以外的其余措施项目都是单价措施项目，在清单规范中有计量单位、项目特征等。安全文明施工及其他措施项目中包括的措施项目均是总价措施项目。

13 版《清单计价规范》新增条款 9.5.3 条规定："由于招标工程量清单中措施项目缺项，承包人应将新增措施项目实施方案提交发包人批准后，按照本规范第 9.3.1 条、第 9.3.2 条（工程变更）的规定调整合同价款。"因此，措施项目缺项的风险已从招标人转移至投标人（08 版《清单计价规范》规定"投标人可根据工程实际情况结合施工组织设计，对招标人所列的措施项目进行增补"）。因此，在编制措施项目清单时应保证列项的完整性，主要从招标人自身能力和兼顾不同投标人的施工方案及施工组织设计两方面着手：

（1）招标人自身能力，主要包括：前期勘察设计以及招标图纸的设计深度，编制人员对相关法规及法律、法规条款的熟悉情况，对于施工工艺、施工流程或施工规范的掌握情况，编制人员的专业能力等。措施项目清单是工程量清单的重要组成部分，按照工程量清单计价规范的规定，措施项目清单由招标人提供，因此招标方招标图纸的设计深度和编制人员的技术及能力对于保证措施项目清单列项完整性具有重要影响，应尽可能提高图纸的设计深度和编制人员的技术及能力。

（2）兼顾不同投标人的施工方案及施工组织设计。招标过程中，对同一招标工程，不同施工单位可能有不同的施工组织设计和施工方案，然而，在前期招标方人员编制好的工程量清单在后期实际施工阶段施工单位并没有采纳，这样相比于原来的工程量清单尤其是措施项目清单，实际施工组织设计发生了变化，导致措施项目与实际工程不符，造成招标人提供的措施项目清单缺项。因此，为防止这种情况的出现，招标人应根据不同施工方案和施工组织设计在招标工程量清单中措施项目清单给出备选方案，尽可能地覆盖所有可能采用的施工方案和施工组织设计，以兼顾不同投标人。

3. 其他项目清单编制时应注意的问题

其他项目清单是应招标人的特殊要求而发生的与拟建工程有关的其他费用项目和相应数量的清单。工程建设标准的高低、工程的复杂程度、工程的工期长短、工程的组成内容、发包人对工程管理要求等都直接影响到其具体内容。其他项目清单的内容包括暂列金额、暂估价、计日工和总承包服务费。

（1）暂列金额的内容及应注意的问题。暂列金额是指招标人暂定并包括在合同中的一笔款项。用于工程合同签订时尚未确定或者不可预见的所需材料、工程设备、服务的采购，施工中可能发生的工程变更、合同约定调整因素出现时的合同价款调整以及发生的索赔、现场签证确认等的费用。暂列金额包括在签约合同价之内，但并不直接属承包人所有，而是由发包人暂定并掌握使用的一笔款项。为保证工程施工建设的顺利实施，应针对施工过程中可能出现的各种不确定因素对工程造价的影响，在招标控制价中估算一笔暂列金额。暂列金额可根据工程的复杂程度、设计深度、工程环境条件进行估算，一般可按分部分项工程费和措施项目费的 10% ~15% 为参考。

（2）暂估价的内容及应注意的问题。暂估价是指招标阶段直至签订合同协议时，招标人在招标文件中提供的用于支付必然要发生但暂时不能确定价格的材料以及需另行发包的专业工程金额，包括材料暂估单价、工程设备暂估单价、专业工程暂估价。暂估价类似于 FIDIC 合同条款中的 Prime Cost Items，在招标阶段预见肯定要发生，只是因为标准不明确或者需要由专业承包人完成，暂时无法确定价格。一般而言，为方便合同管理和计价，需要纳入工程量清单项目综合单价中的暂估价，最好只限于材料费，以方便投标人组价。对专业工程暂估价一般应是综合暂估价，包括除规费、税金以外的管理费、利润等。

（3）计日工的内容及应注意的问题。计日工是为了解决现场发生的零星工作或项目的计价而设立的。计日工为额外工作和变更的计价提供一个方便快捷的途径。国际上常见的标准合同条款中，大多数都设立了计日工（Daywork）计价机制。计日工以完成零星工作所消耗的人工工时、材料数量、机械台班进行计量，并按照计日工表中填报的适用项目的单价进行计价支付。计日工适用的所谓零星工作一般是指合同约定之外或者因变更而产生的、工程量清单中没有相应项目的额外工作，尤其是那些时间不允许事先商定价格的额外工作。编制计日工表格时，一定要给出暂定数量，并且需要根据经验，尽可能估算一个比较贴近实际的数量，且尽可能把项目列全，以消除因此而产生的争议。

（4）总承包方服务费的内容及应注意的问题。总承包服务费是为了解决招标人在法律法规允许的条件下，进行专业工程发包以及自行采购供应材料、设备时，要求总承包人对发包的专业工程提供协调和配合服务；对供应的材料、设备提供收、发和保管服务以及对施工现场进行统一管理；对竣工资料进行统一汇总整理等发生并向总承包人支付的费用。招标人应当预计该项费用并按投标人的投标报价向投标人支付该项费用。

4. 规费和税金项目清单编制时应注意的问题

规费项目清单应按照下列内容列项：社会保险费（包括养老保险费、失业保险费、医疗保险费、工伤保险费和生育保险费）、住房公积金和工程排污费。当出现规范中没有的项目，应根据省级政府或省级有关部门的规定列项。税金项目清单应包括以下内容：营业税、城市维护建设税、教育费附加和地方教育附加。当国家税法发生变化或地方政府及税务部门依据职权对税种进行调整时，应对税金项目清单进行相应调整。规费、税金的计算基础和费率均应按国家或地方相关部门的规定执行。

（三）招标工程量清单的编制示例

某中学教学楼工程土壤类别为三类土，基础垫层底宽 2m，挖土深度为4.0m，弃土运距 10km。措施项目中采用综合脚手架，该工程为砖混结构，檐高22m。根据现行国家标准《建设工程工程量清单计价规范》（GB50500-2013）、《房屋建筑与装饰工程工程量计算规范》（GB50854-2013），列出该工程土石方工程中挖沟槽、措施项目中综合脚手架的工程量清单。

（1）挖沟槽土方工程量。《房屋建筑与装饰工程工程量计算规范》（GB50854-2013）中，挖沟槽土方的工程量计算规则，按设计图示尺寸以基础垫层底面积乘以挖土深度计算。项目特征描述土壤类别、挖土深度、弃土运距。工作内容：排地表水、土方开挖、围护（挡土板）及拆除、基底钎探、运输。

（2）综合脚手架工程量。综合脚手架的计算规则为按建筑面积计算。项目特征描述包括建筑结构形式和檐口高度。工作内容：场内、场外材料搬运；搭、拆脚手架、斜道、上料平台；安全网的铺设；选择附墙点与主体连接；测试电动装置、安全锁等；拆除脚手架后材料的堆放。其分部分项工程和单价措施项目清单与计价表如表1-1所示。

表1-1　分部分项工程和单价措施项目清单与计价表

工程名称：某工程　　　　　　　　　标段：　　　　　　　　第　页　共　页

序号	项目编码	项目名称	项目特征	计量单位	工程量	金额（元）		
						综合单价	合价	其中
								暂估价
			0101 土石方工程					
1	010101003001	挖沟槽土方	三类土，垫层底宽2m，挖土深度＜4m，弃土运距＜10km	m³	1432			
			分部小计					
			0117 措施项目					
2	011701001001	综合脚手架	砖混、檐高22m	m²	10940			
			分部小计					
			合计					

二、招标控制价的编制

招标控制价是指招标人根据国家或省级、行业建设行政主管部门颁发的有关计价依据和办法，依据拟订的招标文件和招标工程量清单，结合工程具体情况发布的招标工程的最高投标限价。

（一）招标控制价的一般规定

（1）国有资金投资的建设工程招标，招标人必须编制招标控制价。

国有资金投资的工程在进行招标时，根据《中华人民共和国招标投标法》的规定，"招标人设有标底的，标底必须保密"。但由于实行工程量清单招标后，由于招标方式的改变，标底保留这一法律规定已不能起到有效遏止哄抬标价的作用，我国有的地区和部门已经发生了在招标项目上所有投标人的报价均高于标底的现象，致使中标人的中标价高于招标人的预算，给招标工程的发包人带来了困扰。因此，为有利于客观、合理地评审投标报价和避免哄抬标价，造成国有资产流失，招标人必须编制招标控制价，作为投标人的最高投标限价，招标人能够接受的最高交易价格。

（2）招标控制价应由具有编制能力的招标人或受其委托具有相应资质的工程造价咨询人编制和复核。

招标控制价应由作为项目法人的招标人负责编制，但当招标人不具备编制招标控制价的能力时，则应委托具有相应工程造价咨询资质的工程造价咨询人编制。

（3）工程造价咨询人接受招标人委托编制招标控制价，不得再就同一工程接受投标人委托编制投标报价。

（4）招标控制价不应上调或下浮。

为体现招标的公开、公平、公正性，防止招标人有意抬高或压低工程造价，给投标人以错误信息，根据《建设工程质量管理条例》的规定，"建设工程发包单位不得迫使承包方以低于成本的价格竞标"，招标人应在招标文件中如实公布招标控制价，不得对所编制的招标控制价进行上浮或下调。

（5）招标控制价超过批准的概算时，招标人应将其报原概算审批部门审核。

（6）招标人应在发布招标文件时公布招标控制价，同时应将招标控制价及有关资料报送工程所在地（或有该工程管辖权的行业管理部门）工程造价管理机构备查。

（二）招标控制价组成及应注意的问题

招标控制价编制依据来源于国家或省级、行业建设主管部门颁发的计价定额、计价办法和工程造价管理机构发布的工程造价信息，反映的是社会平均先进水平。它不同于"标底"，标底是一个预算价格，代表了招标人对招标工程的期望价格。从价款组成来看，招标控制价由分部分项工程费、措施项目费、其他项目费、规费和税金组成。从编制文件组成来看，招标控制价还应包括封面和总说明，总说明应根据委托的项目实际情况填写，说明要全面、具体。说明的主要内容包括：工程概况、工程招标和分包范围等；招标控制价的编制依据；招标控制价包含的范围；取费标准、材料价格来源、措施费计取采用的施工方案等；其他需要说明的事项。由于实践中招标控制价编制的主要问题普遍存在于价款组成上，因此本书仅从分部分项工程费、措施项目费、其他项目费、规费和税金等价款组成上对招标控制价应注意的问题进行研究。

1. 计算分部分项工程费应注意的问题

分部分项工程费用计价应采用单价法，依据招标工程量清单的分部分项工程项目、项目特征和工程量，确定其综合单价。综合单价的内容应包括人工费、材料费、机械费、管理费和利润，以及一定范围的风险费用。招标控制价的分部分项工程费应由各单位工程的招标工程量清单乘以其相应综合单价汇总而成。应注意：

（1）计价原则

①分部分项工程费应根据招标文件中的分部分项工程量清单及有关要求，按13版《清单计价规范》有关规定确定综合单价计价；

②工程量依据招标文件中提供的分部分项工程量清单确定；

③招标文件提供了暂估单价的材料，应按暂估的单价计入综合单价；

④为使招标控制价与投标报价所包含的内容一致，综合单价中应包括招标文件中要求投标人所承担的风险内容及其范围（幅度）产生的风险费用。

（2）综合单价的确定

分部分项工程量清单综合单价的组价，应首先依据提供的工程量清单和施工图纸，按照工程所在地区颁发的计价定额的规定，确定所组价的定额项目名称，并计算出相应的工程量；其次依据工程造价政策规定或工程造价信息确定其人工、材料、机械台班单价；同时，按照定额规定，在考虑风险因素确定管理费率和利润率的基础上，按规定程序计算出所组价定额项目的合价［见公式（1-1）］，然后将若干项所组价的定额项目合价相加除以工程量清单项目工程量，便得到工程量清单项目综合单价［见公式（1-2）］，对于未计价材料费（包括暂估单价的材料费）应计入综合单价。

$$定额项目合价 = 定额项目工程量 \times [\sum(定额人工消耗量 \times 人工单价) +$$
$$\sum(定额材料消耗量 \times 材料单价) +$$
$$\sum(定额机械台班消耗量 \times 机械台班单价) +$$
$$价差(基价或人工、材料、机械费用) +$$
$$管理费和利润] \tag{1-1}$$

$$工程量清单综合单价 = \frac{\sum(定额项目合价) + 未计价材料费}{工程量清单项目工程量} \tag{1-2}$$

（3）风险费的确定

在确定综合单价时，应考虑一定范围内的风险因素。根据《建设工程招标控制价编审规程》（CECA/GC6—2011），在招标文件中应通过预留一定的风险费用，或明确说明风险所包括的范围及超出该范围的价格调整方法。对于招标文件中未做要求的可按以下原则确定：

①对于技术难度较大和管理复杂的项目，可考虑一定的风险费用，并纳入到综合单价中。

②对于设备、材料价格的市场风险，应依据招标文件的规定，工程所在地或行业工程造价管理机构的有关规定，以及市场价格趋势考虑一定率值的风险费用，纳入到综合单价中。

③税金、规费等法律、法规、规章和政策变化的风险和人工单价等风险费用不应纳入综合单价。

2. 计算措施项目费应注意的问题

对于措施项目应分别采用单价法和费率法（或系数法），对于可计量部分的措施项目应参照分部分项工程费用的计算方法采用单价法计价，对于以项计量或综合取定的措施费用应采用费率法，具体编制内容、计算公式及方法、计价原则见表1-2。

表1-2　招标控制价中措施项目费的编制

类别内容	单价项目	总价项目
项目内容	混凝土、钢筋混凝土模板及支架费，脚手架费，垂直运输费，超高施工增加费，大型机械设备进出场及安拆费，施工排水、降水费	安全文明施工费，夜间施工增加费，非夜间施工照明费，二次搬运费，冬雨季施工增加费，地上、地下设施、建筑物的临时保护设施费，已完工程及设备保护费
计量公式	措施项目费＝∑（措施项目工程量×综合单价）	某项措施项目清单费＝措施项目计费基数×费率
计算方法	（1）混凝土模板及支架。以 m^2 计量，按模板与现浇混凝土构件的接触面积计算； （2）垂直运输费可按照建筑面积以㎡为单位计算或按照施工工期日历天数以天为单位计算； （3）超高施工增加费通常按照建筑物超高部分的建筑面积以㎡为单位计算； （4）大型机械设备进出场及安拆费通常按照机械设备的使用数量以台次为单位计算； （5）施工排水、降水费的计算方法：成井费用通常按照设计图示尺寸以钻孔深度按 m 计算；排水、降水费用通常按照排、降水日历天数按昼夜计算	（1）安全文明施工费计算基数应为定额基价（定额分部分项工程费＋定额中可以计量的措施项目费）、定额人工费或（定额人工费＋定额机械费），其费率由工程造价管理机构根据各专业工程的特点综合确定； （2）地上、地下设施、建筑物的临时保护设施费一般都以直接工程费为取费依据，根据工程所在地工程造价管理机构测定的相应费率计算支出； （3）夜间施工增加费、二次搬运费、冬雨季施工增加费、已完工程及设备保护费等措施项目的计费基数应为定额人工费或（定额人工费＋定额机械费），其费率由工程造价管理机构根据各专业工程特点和调查资料综合分析后确定
计价原则	应参照分部分项工程量清单计价方式计价	（1）措施项目中的总价项目，应按13版《清单计价规范》有关规定的依据计价，包括除规费、税金以外的全部费用； （2）措施项目中的安全文明施工费应当按照国家或省级、行业建设主管部门的规定标准计算

3. 计算其他项目费时应注意的问题

其他项目费包括暂列金额、暂估价、计日工和总承包服务费，其相关规定见表1-3。

表1-3　其他项目清单的编制内容及相关规定

项目名称	含义	费用组成	计取时的注意事项
暂列金额	招标人在工程量清单中暂定并包括在合同价款中的一笔款项	包括工程合同签订时尚未确定或者不可预见的所需材料、工程设备、服务的采购，施工中可能发生的工程变更、合同约定调整因素出现时的合同价款调整以及发生的索赔、现场签证确认等的费用	暂列金额包括在签约合同价之内，但由发包人暂定并掌握使用；可根据工程的复杂程度、设计深度、工程环境条件进行估算，一般可按分部分项工程费和措施项目的10%～15%为参考

项目名称	含义	费用组成	计取时的注意事项
暂估价	招标人在工程量清单中提供的用于支付必然发生但暂时不能确定的金额	包括材料暂估单价、工程设备暂估单价、专业工程暂估价	为方便合同管理和计价，需要纳入工程量清单项目综合单价中的暂估价，最好只限于材料费，以方便投标人组价。对专业工程暂估价一般应是综合暂估价，包括除规费、税金以外的管理费、利润等
计日工	为了解决现场发生的零星工作或项目的计价而设立的费用	计日工适用的所谓零星工作一般是指合同约定之外或者因变更而产生的、工程量清单中没有相应项目的额外工作，尤其是那些时间不允许事先商定价格的额外工作	计日工以完成零星工作所消耗的人工工时、材料数量、机械台班进行计量，并按照计日工表中填报的适用项目的单价进行计价支付。编制计日工表格时，应给出暂定数量，并且尽可能把项目列全，以消除因此而产生的争议
总承包服务费	总承包人为配合协调发包人进行的专业工程发包所需的费用	包括总承包人对发包的专业工程提供协调和配合服务的费用；对供应的材料、设备提供收、发和保管服务以及对施工现场进行统一管理的费用；对竣工资料进行统一汇总整理等发生并向总承包人支付的费用	（1）当招标人仅要求总包人对其发包的专业工程进行施工现场协调和统一管理、对竣工资料进行统一汇总整理等服务时，总包服务费按发包的专业工程估算造价的1.5%左右计算； （2）当招标人要求总包人对其发包的专业工程既进行总承包管理和协调，并同时要求提供配合服务时，根据招标文件中列出的配合服务内容和提出的要求，按发包的专业工程估算造价的3%～5%计算； （3）招标人自行供应材料、设备的，按招标人供应材料、设备价值的1%计算

4. 计算规费和税金时应注意的问题

规费和税金均采用费率法编制，应按国家或省级、行业建设主管部门的规定计算，不得作为竞争性费用。规费是指按国家法律、法规规定，由省级政府和省级有关权力部门规定必须缴纳或计取的费用，包括社会保险费、住房公积金、工程排污费等，其他应列而未列入的规费，按实际发生计取。建筑安装工程税金是指国家税法规定的应计入建筑安装工程费用的营业税、城市维护建设税、教育费附加及地方教育费附加。

（三）招标控制价的编制示例

以招标工程量清单编制示例中土方开挖及措施项目为例，其招标控制价编制如表1-4所示。

表1-4　分部分项工程和单价措施项目清单与计价表

工程名称：某工程　　　　　　　　　　　　　　标段：　　　　　　第　页　共　页

序号	项目编码	项目名称	项目特征	计量单位	工程量	金额（元）		
						综合单价	合价	其中暂估价
			0101 土石方工程					
1	010101003001	挖沟槽土方	三类土，垫层底宽2m，挖土深度＜4m，弃土运距＜10km	m³	1432	23.91	34239	
			分部小计				34239	
			0117 措施项目					
2	011701001001	综合脚手架	砖混、檐高22m	m²	10940	20.85	228099	
			分部小计				228099	
		合计					262338	

第二节　投标文件及投标报价的编制

一、投标文件的编制

（一）投标文件的一般规定

（1）在投标人须知前附表规定的投标有效期内，投标人不得要求撤销或修改其投标文件。在有效期内前，投标人可以修改或撤回已递交的投标文件，但应以书面形式通知招标人；

（2）投标人应在投标截止时间前递交投标文件，逾期送达的或者未送达指定地点的投标文件，招标人不予受理。出现特殊情况需要延长投标有效期的，招标人以书面形式通知所有投标人延长投标有效期。投标人同意延长的，应相应延长其投标保证金的有效期，但不得要求或被允许修改或撤销其投标文件；投标人拒绝延长的，其投标失效，但投标人有权收回其投标保证金。

（3）投标人在递交投标文件的同时，应按投标人须知前附表规定的金额、担保形式和"投标文件格式"规定的投标保证金格式递交投标保证金，并作为其投标文件的组成部分。联合体投标的，其投标保证金由牵头人递交，并应符合投标人须知前附表的规定。

（4）有下列情形之一的，投标保证金将不予退还：

投标人在规定的投标有效期内撤销或修改其投标文件；

中标人在收到中标通知书后，无正当理由拒签合同协议书或未按招标文件规定提交履约担保。

（二）投标文件组成及应注意的问题

投标人应当按照招标文件的要求编制投标文件。投标文件应当包括下列内容：

（1）投标函及投标函附录；

19

（2）法定代表人身份证明或附有法定代表人身份证明的授权委托书；

（3）联合体协议书（如工程允许采用联合体投标）；

（4）投标保证金；

（5）已标价工程量清单；

（6）施工组织设计；

（7）项目管理机构；

（8）拟分包项目情况表；

（9）资格审查资料；

（10）规定的其他材料。

任何一个建设项目的投标过程都是一项复杂的系统工程，需要周密思考，统筹安排。在取得招标信息后，进行前期工作：准备资料，申请并参加资格预审；获取招标文件，然后进入询价与编制阶段，最后完成投标文件的编制与递交。投标文件的编制流程如图 1-2 所示。

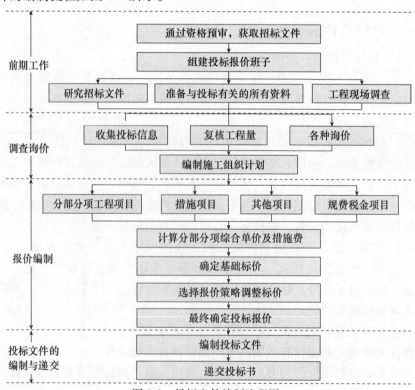

图 1-2　投标文件编制流程图

投标人应当在招标文件规定的提交投标文件的截止时间前，将投标文件密封送达投标地点。招标人收到投标文件后，应当向投标人出具标明签收人和签收时间的凭证，在开标前任何单位和个人不得开启投标文件。在招标文件要求提交投标文件的截止时间后送达或未送达指定地点的投标文件，为无效的投标文件，招标人不予受理。有关投标文件各阶段的工作内容及应注意的问题见表1-5。

表1-5　投标文件各阶段工作内容及应注意的问题

阶段	工作内容	应注意的问题
前期工作	（1）通过资格预审，获取招标文件。招标单位对各承包人在财务状况、技术能力等方面进行的全面审查； （2）初步研究。对13版《清单计价规范》、招标文件、技术规范、图纸等重点内容进行分析； （3）现场踏勘。投标人对自然地理条件、施工条件以及其他条件进行调查	编制并填写资格预审书时应注意以下几个问题： （1）要针对招标单位发售的资格预审文件要求编制和填写，资格预审文件中需要填报哪些内容就填报哪些内容，与之无关的内容切记不要填报，以免适得其反。 （2）填写的相关内容应完全符合资格预审书要求达到的标准，填报的内容一定要真实、准确。 （3）填写资格预审书时，所有内容应有证明文件。 （4）对施工设备要有详细的性能说明。 （5）填写的资格预审书应有一份原件及数份复印件，并按指定时间、地点送达
调查询价	（1）资料收集。收集相关资料，包括投标报价的编制依据； （2）复核工程量； （3）询价。投标人在报价前通过多种渠道对工程所需各种材料、设备等的价格、质量、供应时间、供应数量等进行全面调查，同时了解分包项目的分包形式、分包范围、分包人报价、分包人履约能力及信誉等； （4）编制施工组织设计	复核工程量，主要从以下方面进行： （1）认真根据招标文件、设计文件、图纸等资料，复核工程量清单，要避免漏算或重算。 （2）在复核工程量的过程中，针对工程量清单中工程量的遗漏或错误，不可以擅自修改工程量清单，可以向招标人提出，由招标人审查后统一修改，并把修改情况通知所有投标人；或运用一些报价的技巧提高报价质量，利用存在的问题争取在中标后能获得更大的收益。 （3）在核算完全部工程量清单中的细目后，投标人应按大项分类汇总主要工程总量，以便获得对整个工程施工规模的整体概念，并据此研究采用合适的施工方法、适当的施工设备，并准确地确定订货及采购物资的数量，防止由于超量或少购等带来的浪费、积压或停工待料
报价编制	在本节的第二部分进行详细的阐述	
投标文件的编制与递交	投标人应当在招标文件规定的提交投标文件的截止时间前，将投标文件密封送达投标地点。招标人收到投标文件后，应当向投标人出具标明签收人和签收时间的凭证，在开标前任何单位和个人不得开启投标文件	有关投标文件的递交还应注意以下问题： （1）投标人在递交投标文件的同时，应按规定的金额、担保形式和投标保证金格式递交投标保证金，并作为其投标文件的组成部分； （2）投标有效期。一般项目投标有效期为60～90天，大型项目120天左右。投标保证金的有效期应与投标有效期保持一致； （3）投标文件的密封和标识。投标文件的正本与副本应分开包装，加贴封条，并在封套上清楚标记"正本"或"副本"字样，于封口处加盖投标人单位章； （4）投标文件的修改与撤回。在规定的投标截止时间前，投标人可以修改或撤回已递交的投标文件，但应以书面形式通知招标人。在招标文件规定的投标有效期内，投标人不得要求撤销或修改其投标文件； （5）费用承担与保密责任。投标人准备和参加投标活动发生的费用自理。参与招标投标活动的各方应对招标文件和投标文件中的商业和技术等秘密保密，违者应对由此造成的后果承担法律责任

二、投标报价的编制

（一）投标报价的一般规定

（1）投标报价应由投标人或受其委托具有相应资质的工程造价咨询人编制。

（2）投标人应依据国家、省级、行业相关规定，自主确定投标报价，且投标报价不得低于工程成本。

根据《招标投标法》第三十二条规定："投标人不得以低于成本的报价竞标。"将成本定义为工程成本，而不是企业成本，这就使判定投标报价是否低于成本有了一定的可操作性。工程成本包含在企业成本中，二者的概念不同，涵盖的范围不同，某一单个工程的盈或亏，并不必然表现为整个的盈或亏。建设工程施工合同是特殊的加工承揽合同，以施工企业成本来判定单一工程施工成本对发包人也是不公平的。因发包人需要控制和确定的是其发包的工程项目造价，无需考虑承包该工程施工企业成本。相对于一个地区而言，一定时期范围内，同一结构的工程成本基本上会趋于一个较稳定的值，这就使得相对同类型工程成本的判断有了可操作的比较标准。

（3）投标人必须按招标工程量清单填报价格。项目编码、项目名称、项目特征、计量单位、工程量必须与招标工程量清单一致。

实行工程量清单招标，招标人在招标文件中提供招标工程量清单，其目的是使各投标人在投标报价中具有共同的竞争平台。因此，要求投标人在投标报价中填写的工程量清单的项目编码、项目名称、项目特征、计量单位、工程数量必须与招标工程量清单一致。由于在13版《清单计价规范》中已将"工程量清单"与"工程量清单计价表"两表合一，为避免出现差错，投标人最好按招标人提供的工程量清单与计价表直接填写价格。

（4）投标人的投标报价高于招标控制价的应予废标。

国有资金投资的工程，其招标控制价相当于政府采购中的采购预算，且其定义就是最高投标限价。在国有资金投资工程的招投标活动中，投标人的投标报价不能超过招标控制价，否则，应予废标。

（二）投标报价组成及应注意的问题

投标报价与招标控制价的确定方法基本一致，其综合单价均采用定额组价的方法，即以计价定额为基础进行组合计算。相对而言，招标控制价主要依据国家、省级、行业的计价标准和计价办法，反映了行业平均水平；而投标报价由投标人自主确定，反映了企业水平。投标报价要以招标文件中设定的招投标双方责任划分，作为考虑投标报价费用项目和费用计算的基础，招投标双方的责任划分不同，会导致合同风险分担不同，从而导致投标人选择不同的报价。

从价款组成来看，投标报价由分部分项工程费、措施项目费、其他项目费、规费和税金组成。从编制文件组成来看，投标报价还应包括封面和总说明，总说明的主要内容包括：工程概况、包括范围等；投标报价的编制依据等。

（1）分部分项工程费的编制。投标报价以工程量清单项目特征描述为准确定综合单价；综合单价应包含投标人承担的风险因素；材料暂估价完全依照招标文件编制。根据工程发承包模式考虑投标报价的费用内容和计算深度；以施工方案、技术措施等作为投标报价计算的基本条件；以反映企业技术和管理水平的企业定额作为计算人工、材料和机械台班消耗量的基本依据；充分利用现场考察、调研成果、市场价格信息和行情资料，编制基础标价，报价计算方法要科学严谨，简明适用。应注意的内容包括：

①以项目特征描述为依据。当招标文件中分部分项工程量清单特征描述与设计图纸不符时，投标人应以分部分项工程量清单的项目特征描述为准。当施工中施工图纸或设计变更与工程量清单项目特征描述不一致时，招投标双方应按实际施工的项目特征，依据合同约定重新确定综合单价；

②材料暂估价的处理。其他项目清单中的暂估单价材料，应按其暂估的单价计入分部分项工程量清单项目的综合单价中；

③应包括投标人承担的合理风险。由于风险费直接计入综合单价，在施工中，当出现的风险事件在招标文件规定的范围内时，综合单价不得变动，总造价不得调整。因此在编制投标报价时，投标人应对施工中可能出现的风险进行充分的估计和预测，也要求其对自身施工水平充分了解。

（2）措施费的编制。措施费中安全文明施工费按规定标准计取，其他措施项目按措施项目中的工程量列项计价。相对于分部分项工程量清单，措施项目清单为可调整清单（即开口清单），投标人对招标文件中所列项目，可根据企业自身特点作适当的变更增减。投标要对拟建工程可能发生的措施项目和措施费用作通盘考虑。因此，对于措施项目报价投标人应做到项目全面，将招标工程量清单中措施项目清单作为参考，若情况不同，出现表中未列的措施项目时，可以根据本企业的实际情况增加措施项目内容报价，并在技术标中给予充分说明。安全文明施工费按国家或省级、行业建设行政主管部门规定计价，不得作为竞争费用。

（3）其他项目费的编制。暂列金额由招标人根据拟建工程的复杂程度、市场情况估算列出，并随工程量清单发至投标人。投标报价中的暂列金额应完全按照招标人列项的金额填写，不允许改动。专业工程暂估价分不同专业设定，同样完全按照招标人设定的价格计入，不能进行调整。

总承包服务费应由投标人视招标范围、招标人供应的材料、设备情况、招标人暂估材料、设备价格情况参照地方标准或规定计算，招标人应预计该项费用并按投标人的投标报价向投标人支付该项费用。

（4）规费和税金。规费和税金无论在招标控制价还是在投标报价中均属于不可竞争的费用，必须按照有关规定计取。

（三）投标报价的编制示例

以招标工程量清单编制示例中土方开挖及措施项目为例，其投标报价编制如表1-6所示。

表1-6　分部分项工程和单价措施项目清单与计价表

工程名称：某工程　　　　　　　　　标段：　　　　　　　　　第　页　共　页

序号	项目编码	项目名称	项目特征	计量单位	工程量	金额（元）		
						综合单价	合价	其中
								暂估价
			0101 土石方工程					
1	010101003001	挖沟槽土方	三类土，垫层底宽2m，挖土深度＜4m，弃土运距＜10km	m³	1432	21.92	31389	
			分部小计				31389	
			0117 措施项目					
2	011701001001	综合脚手架	砖混、檐高22m	m²	10940	19.80	216612	
			分部小计				216612	
		合计					248001	

第三节　建设工程评标及合同价款约定

在发承包建设工程交易过程中，一方面是承包人的选择，对于招标承包而言，我国的相关法规对于开标的时间和地点、开标的程序、评标委员会的组建、评标的原则以及评标程序和方法等均做出了明确而清晰的规定；另一方面是通过优选确定承包人之后，双方当事人需在规定的时间内签订合同来明确双方的权利义务。

一、开标

（一）开标时间和地点

我国《招标投标法》规定，开标时间应当为招标文件确定的提交投标文件截止时间的同一时间。开标应在投标人须知前附表规定的地点公开开标，并邀请所有投标人的法定代表人或其委托代理人准时参加。

（二）开标程序

按下列程序进行开标：

（1）宣布开标纪律；

（2）公布在投标截止时间前递交投标文件的投标人名称，并点名确认投标人是否派人到场；

（3）宣布开标人、唱标人、记录人、监标人等有关人员姓名；

（4）按照投标人须知前附表规定检查投标文件的密封情况；

（5）按照投标人须知前附表的规定确定并宣布投标文件开标顺序；

（6）设有标底的，公布标底；

（7）按照宣布的开标顺序当众开标，公布投标人名称、标段名称、投标保证金的递交情况、投标报价、质量目标、工期及其他内容，并记录在案；

（8）投标人代表、招标人代表、监标人、记录人等有关人员在开标记录上签字确认；

（9）开标结束。

二、清标

清标是通过采用核对、比较、筛选等方法，对投标文件进行的基础性的数据分析和整理工作。其目的是找出投标文件中可能存在疑义或者显著异常的数据，为初步评审以及详细评审中的质疑工作提供基础。技术标和商务标都有进行清标的必要，但一般而言，清标主要是针对商务标（投标报价）部分。

清标的实质是通过清标专家对投标文件客观、专业、负责的核查和分析，找出问题、剖析原因，给出专业意见，供评标专家和建设单位参考，以提高评标质量，并为后续的工程项目管理提供指引。

清标是国际上通行的做法，我国现有建设工程招标投标法律法规中关于清标工作的明确规定较少，仅在各省市各部委招标投标管理规定中有部分内容，如《北京市建设工程清标专区评标工作细则规定》、《公路工程施工招标评标委员会评标工作细则》等。实践证明，清标是评标过程中必要和可行的一种做法，有利于确保评标结果的公正、客观和科学。

（一）清标工作组的组成

清标应该由清标工作组完成，也可以由招标人依法组建的评标委员会进行，招标人也可以另行组建清标工作组负责清标。清标工作组应该由招标人选派或者邀请熟悉招标工程项目情况和招标投标程序、专业水平和职业素质较高的专业人员组成，招标人也可以委托工程招标代理单位、工程造价咨询单位或者监理单位组织具备相应条件的人员组成清标工作组。清标工作组人员的具体数量应该视工作量的大小确定，一般建议应该在3人以上。

（二）清标工作的原则

清标工作是评标工作的基础性工作。清标工作是仅对各投标文件的商务标投标状况做出客观性比较，不能改变各投标文件的实质性内容。清标工作应当客观、准确、力求全面，不得营私舞弊、歪曲事实。

清标小组的任何人员均不得行使依法应当由评标委员会成员行使的评审、评判等权力。清标工作组同样应当遵守法律、法规、规章等关于评标工作原则、评标保密和回避等国家相关的关于评标委员会的评标的法律规定。

（三）清标工作的主要内容

清标工作的主要内容包括以下几个方面：

（1）偏差审查，对照招标文件，查看投标人的投标文件是否完全响应招标文件。

（2）符合性审查，对投标文件中是否存在更改招标文件中工程量清单内容进行审查。

（3）计算错误审查，对投标文件的报价是否存在算术性错误进行审查。

（4）合理性分析，对工程量大的单价和单价过高于或过低于清标均价的项目要重点审查，合理性分析是清标工作的最核心的内容。

（5）对措施费用合同包干的项目单价，要对照施工方案的可行性进行审查。

（6）对工程总价、各项目单价及要素价格的合理性进行分析、测算。

（7）对投标人所采用的报价技巧，要辩证地分析判断其合理性。

（8）在清标过程中要发现清单不严谨的表现所在，妥善处理。

针对以上要点，在清标过程中如发现问题，均应在答辩会上提出，由投标人做出解释或在保证投标报价不变的情况下，由投标人对其不合理单价进行变动。另外，在施工中变更施工方案、采取赶工措施等是否增加费用，也应加以明确。

（四）清标报告

清标报告是评标委员会进行评审的主要依据，它的准确与否将可能直接影响评标委员会的评审结果和最终的中标结果，因此，至关重要，清标报告一般应包括如下内容：

（1）招标工程项目的范围、内容、规模等情况；

（2）对投标价格进行换算的依据和换算结果；

（3）投标文件算术计算错误的修正方法、修正标准和建议的修正结果；

（4）在列出的所有偏差中，建议作为重大偏差的情形和相关依据；

（5）在列出的所有偏差中，建议作为细微偏差的情形和进行相应补正所依据的方法、标准；

（6）列出投标价格过高或者过低的清单项目的序号、项目编码、项目名称、项目特征、工程内容、与招标文件规定的标准之间存在的偏差幅度和产生偏差的技术、经济等方面原因的摘录；

（7）投标文件中存在的含义不明确、对同类问题表述不一致或者有明显文字错误的情形；

（8）其他在清标过程中发现的，要提请评标委员会讨论、决定的投标文件中的问题。

三、评标

评标是指评标委员会根据招标文件中明确规定的评审方法和标准，对投标方递交的投标文件进行审查、比较、分析和评判，以确定中标候选人排序或直接确定中标人的过程。

（一）评标委员会的组建

1. 评标委员会成员的选取

评标委员会由招标人负责组建，负责评标活动，向招标人推荐中标候选人或者根据招标人的授权直接确定中标人。

评标委员会由招标人负责组建，由招标人或其委托的招标代理机构熟悉相关业务的代表，以及有关技术、经济等方面的专家组成，成员人数为五人以上的单数，其中技术、经济等方面的专家不得少于成员总数的三分之二。评标委员会设负责人的，负责人由评标委员会成员推举产生或者由招标人确定，评标委员会负责人与评标委员会的其他成员有同等的表决权。

除法律法规规定的特殊招标项目外，依法必须进行招标的项目，其评标委员会的专家成员应当从省级以上人民政府有关部门提供的专家名册或者招标代理机构专家库内的相关专家名单中确定。确定评标专家，可以采取随机抽取或者直接确定的方式。一般项目，可以采取随机抽取的方式；技术特别复杂、专业性要求特别高或者国家有特殊要求的特殊招标项目，采取随机抽取方式确定的专家难以胜任评标工作的，可以经过规定的程序由招标人直接确定。任何单位和个人不得以明示、暗示等任何方式指定或者变相指定参加评标委员会的专家成员。评标专家抽取程序如图 1-3 所示。

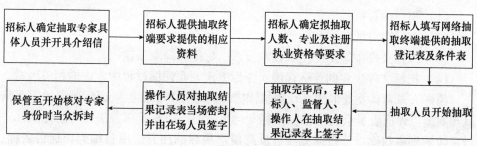

图 1-3 评标专家抽取程序

2. 对评标委员会成员的要求

评标委员会中的专家成员应符合下列条件：

（1）从事相关专业领域工作满八年并具有高级职称或者同等专业水平；

（2）熟悉有关招标投标的法律法规，并具有与招标项目相关的实践经验；

（3）能够认真、公正、诚实、廉洁地履行职责；

（4）身体健康，能够承担评标工作。

有下列情形之一的，不得担任评标委员会成员，应当回避：

（1）招标人或投标人主要负责人的近亲属；

（2）项目主管部门或者行政监督部门的人员；

（3）与投标人有经济利益关系，可能影响对投标公正评审的；

（4）曾因在招标、评标以及其他与招标投标有关活动中从事违法行为而受过行政处罚或刑事处罚的。

（二）评标的原则以及保密性

评标活动应当体现《招标投标法》规定的"招标投标活动应当遵循的公开、公平和公正原则"，以及《评标委员会和评标方法暂行规定》中规定的"评标活动应当遵循的公平、公正、科学、择优原则"。其中"择优"原则是评标准则设定的核心，是"三公"原则的引申，体现在评标标准和条件的设立上要着重"区分度"，即针对项目关键因素，要能通过评审拉开排名。

评标是招标投标活动中一个十分重要的阶段，如果对评标过程不进行保密，则影响公正评标，不正当行为有可能发生。因此，招标人应当采取必要的措施，保证评标在严格保密的情况下进行。任何单位和个人都不得非法干预、影响评标过程和结果。评标委员会成员名单在中标结果确定前应当保密。

（三）评标的准备与初步评审

1. 评标的准备

评标委员会成员应当编制供评标使用的相应表格，认真研究招标文件，至少应了解和熟悉以下内容：

（1）招标的目标；

（2）招标项目的范围和性质；

（3）招标文件中规定的主要技术要求、标准和商务条款；

（4）招标文件规定的评标标准、评标方法和在评标过程中考虑的相关因素。

招标人或者其委托的招标代理机构应当向评标委员会提供评标所需的重要信息和数据。评标委员会应当根据招标文件规定的评标标准和方法，对投标文件进行系统的评审和比较。招标文件中没有规定的标准和方法不得作为评标的依据。因此，评标委员会成员还应当了解招标文件规定的评标标准和方法，这也是评标的重要准备工作。

2. 初步评审

根据《评标委员会和评标方法暂行规定》和《标准施工招标文件》的规定，我国目前评标中主要采用的方法包括经评审的最低中标价法和综合评估法，两种评标方法在初步评审的内容和标准上基本是一致的。

（1）初步评审标准，包括形式评审标准、资格评审标准、响应性评审标准、施工组织设计和项目管理机构评审标准等四方面。

（2）投标文件的澄清和说明。评标委员会可以书面方式要求投标人对投标文件中含意不明确的内容作必要的澄清、说明或补正，但是澄清、说明或补正不得超出投标文件的范围或者改变投标文件的实质性内容。对招标文件的相关内容做出澄清、说明或补正，其目的是有利于评标委员会对投标文件的审查、评审和比较。澄清、说明或补正包括投标文件中含义不明确、对同类问题表述不一致或者有明显文字和计算错误的内容。但评标委员会不得向投标人提出带有暗示性或诱导性的问题，或向其明确投标文件中的遗漏和错误。同时，评标委员会不接受投标人主动提出的澄清、说明或补正。

投标文件不响应招标文件的实质性要求和条件的，招标人应当拒绝，并不允许投标人通过修正或撤销其不符合要求的差异或保留，使之成为具有响应性的投标。

评标委员会对投标人提交的澄清、说明或补正有疑问的，可以要求投标人进一步澄清、说明或补正，直至满足评标委员会的要求。

（3）投标报价有算术错误的，评标委员会按以下原则对投标报价进行修正，修正的价格经投标人书面确认后具有约束力。投标人不接受修正价格的，其投标作废标处理。

①投标文件中的大写金额与小写金额不一致的，以大写金额为准；

②总价金额与依据单价计算出的结果不一致的，以单价金额为准修正总价，但单价金额小数点有明显错误的除外。

此外，如对不同文字文本投标文件的解释发生异议的，以中文文本为准。

（4）经初步评审后作为废标处理的情况。评标委员会应当审查每一投标文件是否对招标文件提出的所有实质性要求和条件做出响应。未能在实质上响应的投标，评标委员会应当否决其投标。具体情形包括：

①投标文件未经投标单位盖章和单位负责人签字；

②投标联合体没有提交共同投标协议；

③投标人不符合国家或者招标文件规定的资格条件；

④同一投标人提交两个以上不同的投标文件或者投标报价，但招标文件要求提交备选投标的除外；

⑤投标报价低于成本或者高于招标文件设定的最高投标限价；

⑥投标文件没有对招标文件的实质性要求和条件做出响应；

⑦投标人有串通投标、弄虚作假、行贿等违法行为。

（四）详细评审方法

经初步评审合格的投标文件，评标委员会应当根据招标文件确定的评标标准和方法，对其技术部分和商务部分做进一步评审、比较。详细评审的方法包括经评审的最低投标价法和综合评估法两种。

1. 经评审的最低投标价法

经评审的最低投标价法是指评标委员会对满足招标文件实质要求的投标文件，根据详细评审标准规定的量化因素及量化标准进行价格折算，按照经评审的投标价由低到高的顺序推荐中标候选人，或根据招标人授权直接确定中标人，但投标报价低于其成本的除外。经评审的投标价相等时，投标报价低的优先；投标报价也相等的，由招标人自行确定。

一般情况下，根据工程的实际特点和需要，招标人可就工期提前、预付款条件、质量标准提高、不平衡报价（严重不平衡报价除外）等因素在招标文件中设置具体的量化标准。投标人资质类别、资质等级不得设置为量化因素。

根据经评审的最低投标价法完成详细评审后，评标委员会应当拟定一份"价格比较一览表"，连同书面评标报告提交招标人。"价格比较一览表"应当载明投标人的投标报价、对商务偏差的价格调整和说明以及已评审的最终投标价。

2. 综合评估法

不宜采用经评审的最低投标价法的招标项目，一般应当采取综合评估法进行评审。综合评估法是指评标委员会对满足招标文件实质性要求的投标文件，按照规定的评分标准进行打分，并按得分由高到低顺序推荐中标候选人，或根据招标人授权直接确定中标人，但投标报价低于其成本的除外。综合评分相等时，以投标报价低的优先；投标报价也相等的，由招标人自行确定。各评审因素的权重和标准由招标人自行确定。

根据综合评估法完成评标后，评标委员会应当拟定一份"综合评估比较表"，连同书面评标报告提交招标人。"综合评估比较表"应当载明投标人的投标报价、所做的任何修正、对商务偏差的调整、对技术偏差的调整、对各评审因素的评估以及对每一投标的最终评审结果。

（五）评标报告

除招标人授权直接确定中标人外，评标委员会按照经评审的价格由低到高的顺序推荐中标候选人。评标委员会完成评标后，应当向招标人提交书面评标报告，并抄送有关行政监督部门。评标报告应当如实记载以下内容：

（1）基本情况和数据表；

（2）评标委员会成员名单；

（3）开标记录；

（4）符合要求的投标一览表；

（5）废标情况说明；

（6）评标标准、评标方法或者评标因素一览表；

（7）经评审的价格或者评分比较一览表；

（8）经评审的投标人排序；

（9）推荐的中标候选人名单与签订合同前要处理的事宜；

（10）澄清、说明、补正事项纪要。

评标报告由评标委员会全体成员签字。对评标结论持有异议的评标委员会成员可以书面方式阐述其不同意见和理由。评标委员会成员拒绝在评标报告上签字且不陈述其不同意见和理由的，视为同意评标结论。评标委员会应当对此做出书面说明并记录在案。

四、中标人的确定

（一）公示中标候选人

为维护公开、公平、公正的市场环境，鼓励各招投标当事人积极参与监督，按照《招标投标法实施条例》的规定，依法必须进行招标的项目，招标人应当自收到评标报告之日起 3 日内公示中标候选人，公示期不得少于 3 日。投标人或者其他利害关系人对依法必须进行招标的项目的评标结果有异议的，应当在中标候选人公示期间提出。招标人应当自收到异议之日起 3 日内做出答复；做出答复前，应当暂停招标投标活动。

对中标候选人的公示需明确以下几个方面：

（1）公示范围。公示的项目范围是依法必须进行招标的项目，其他招标项目是否公示中标候选人由招标人自主决定。公示的对象是全部中标候选人。

（2）公示媒体：招标人在确定中标人之前，应当将中标候选人在交易场所和指定媒体上公示。

（3）公示时间（公示期）：公示由招标人统一委托当地招投标中心在开标当天发布。公示期从公示的第二天开始算起，在公示期满后招标人才可以签发中标通知书。

（4）公示内容：对中标候选人全部名单及排名进行公示，而不是只公示排名第一的中标候选人。同时，对有业绩信誉条件的项目，在投标报名或开标时提供的作为资格条件或业绩信誉情况，应一并进行公示，但不含投标人的各评分要素的得分情况。

（5）异议处置：公示期间，投标人及其他利害关系人应当先向招标人提出异议，经核查后发现在招投标过程中确有违反相关法律法规且影响评标结果公正性的，招标人应当重新组织评标或招标。招标人拒绝自行纠正或无法自行纠正的，则根据《招标投标法实施条例》第 60 条的规定向行政监督部门提出投诉。对故意虚构事实，扰乱招投标市场秩序的，则按照有关规定进行处理。

（二）中标人的选择

除招标文件中特别规定了授权评标委员会直接确定中标人外，招标人应依据评标委员会推荐的中标候选人确定中标人，评标委员会推荐中标候选人的人数应符合招标文件的要求，一般应当限定在 1~3 人，并标明排列顺序。

中标人的投标应当符合下列条件之一：

（1）能够最大限度满足招标文件中规定的各项综合评价标准。

（2）能够满足招标文件的实质性要求，并且经评审的投标价格最低；但是投标价格低于成本的除外。

对使用国有资金投资或者国家融资的项目，招标人应当确定排名第一的中标候选人为中标人。排名第一的中标候选人放弃中标，因不可抗力提出不能履行合同，或者招标文件规定应当提交履约保证金而在规定的期限内未能提交的，招标人可以确定排名第二的中标候选人为中标人。排名第二的中标候选人因上述同样原因不能签订合同的，招标人可以确定排名第三的中标候选人为中标人。

招标人可以授权评标委员会直接确定中标人。

招标人不得向中标人提出压低报价、增加工作量、缩短工期或其他违背中标人意愿的要求，以此作为发出中标通知书和签订合同的条件。

（三）发出中标通知书

中标人确定后，招标人应当向中标人发出中标通知书，并同时将中标结果通知所有未中标的投标人。中标通知书对招标人和中标人具有法律效力。中标通知书发出后，招标人改变中标结果，或者中标人放弃中标项目的，应当依法承担法律责任。依据《招标投标法》的规定，依法必须进行招标的项目，招标人应当自确定中标人之日起 15 日内，向有关行政监督部门提交招标投标情况的书面报告。书面报告中至少应包括下列内容：

（1）招标范围；

（2）招标方式和发布招标公告的媒介；

（3）招标文件中投标人须知、技术条款、评标标准和方法、合同主要条款等内容；

（4）评标委员会的组成和评标报告；

（5）中标结果。

（四）履约担保

在签订合同前，中标人以及联合体的中标人应按招标文件有关规定的金额、担保形式和招标文件规定的履约担保格式，向招标人提交履约担保。履约担保有现金、支票、履约担保书和银行保函等形式，可以选择其中的一种作为招标项目的履约保证金，履约保证金不得超过中标合同金额的 10% 。中标人不能按要求提交履约保证金的，视为放弃中标，其投标保证金不予退还，给招标人造成的损失超过投标保证金数额的，中标人还应当对超过部分予以赔偿。中标后的承包人应保证其履约保证金在发包人颁发工程接收证书前一直有效。发包人应在工程接收证书颁发后 28 天内把履约保证金退还给承包人。

五、合同签订及合同价款约定

合同价款是建设工程施工合同文件的核心要素，建设工程项目不论是招标发包还是直接发包，合同价款的具体数额均应在"合同协议书"中载明。签约合同价是指合同双方签订合同时在协议书中列明的合同价格，对于以单价合同形式招标的项目，工程量清单中各种价格的总计即为合同价。合同价就是中标价，因为中标价是指评标时经过算术修正的、并在中标通知书中申明招标人接受的投标价格。

（一）合同签订的时间及规定

招标人和中标人应当自中标通知书发出之日起 30 天内，根据招标文件和中标人的投标文件订立书面合同。中标人无正当理由拒签合同的，招标人取消其中标资格，其投标保证金不予退还；给招标人造成的损失超过投标保证金数额的，中标人还应当对超过部分予以赔偿。发出中标通知书后，招标人无正当理由拒签合同的，招标人向中标人退还投标保证金；给中标人造成损失的，还应当赔偿损失。招标人与中标人签订合同后 5 日内，应当向中标人和未中标的投标人退还投标保证金。

（二）合同价款的形式

实行招标的工程合同价款应由发承包双方依据招标文件和中标人的投标文件在书面合同中约定。合同约定不得违背招、投标文件中关于工期、造价、质量等方面的实质性内容。招标文件与中标人投标文件不一致的地方，以投标文件为准。不实行招标的工程合同价款，在发承包双方认可的合同价款基础上，由发承包双方在合同中约定。根据《建筑工程施工发包与承包计价管理办法》（住房和城乡建设部令第 16 号）规定，发承包双方在确定合同价款时，应当考虑市场环境和生产要素价格变化对合同价款的影响，选择合适的合同价格形式：

（1）单价方式。单价方式是指当合同当事人约定以工程量清单及其综合单价进行合同价格计算、调整和确认时，在约定的范围内合同单价不作调整。合同当事人应在专用合同条款中约定综合单价包含的风险范围和风险费用的计算方法，并约定风险范围以外的合同价格的调整方法，其中因市场价格波动引起的调整按 13 版《示范文本》第 11.1 款（市场价格波动引起的调整）约定执行。实行工程量清单计价的建筑工程，鼓励发承包双方采用单价方式确定合同价款。

（2）总价方式。总价方式是指当合同当事人约定以施工图、已标价工程量清单或预算书及有关条件进行合同价格计算、调整和确认时，在约定的范围内合同总价不作调整。合同当事人应在专用合同条款中约定总价包含的风险范围和风险费用的计算方法，并约定风险范围以外的合同价格的调整方法，其中因市场价格波动引起的调整按 13 版《示范文本》第 11.1 款（市场价格波动引起的调整）、因法律变化引起的调整按其第 11.2 款（法律变化引起的调整）约定执行。建设规模较小、技术难度较低、工期较短的建筑工程，发承包双方可以采用总价方式确定合同价款。

（3）其他价格形式。合同当事人可在专用合同条款中约定其他合同价格形式。例如紧急抢险、救灾以及施工技术特别复杂的建筑工程，发承包双方可以采用成本加酬金方式确定合同价款。

（三）合同价款约定的内容

发承包双方应在合同条款中对下列事项进行约定：

（1）预付工程款的数额、支付时间及抵扣方式；

（2）安全文明施工措施的支付计划、使用要求等；

（3）工程计量与支付工程进度款的方式、数额及时间；

（4）合同价款的调整因素、方法、程序、支付及时间；

（5）施工索赔与现场签证的程序、金额确认与支付时间；

（6）承担计价风险的内容、范围以及超出约定内容、范围的调整办法；

（7）工程竣工价款结算编制与核对、支付及时间；

（8）工程质量保证金的数额、扣留方式及时间；

（9）违约责任以及发生合同价款争议的解决方法及时间；

（10）与履行合同、支付价款有关的其他事项等。

第二章 合同价款约定中风险分担的一般原则

第一节 风险分担的概述

风险意味着未来的损失或收益，在我国的工程建设实践中，发包人普遍倾向于把风险一味地交由承包人承担，使承包人处于不利位置，而承包人则先是勉强地接受合同，然后试图在施工过程中以变更、调价、索赔等手段获得更高的结算价款，双方的对抗思维造成履约过程中无休止的责任推诿进而引发纠纷，致使工期延误，甚至投资失控，同时也导致发承包双方自身利益受损，严重阻碍了工程项目管理绩效的提高。究其原因，施工过程中发承包双方责任推诿的普遍现象植根于双方未能在合同中进行合理的风险分担。

一、风险分担的概念

在工程项目风险分担实践中，工程合同是实现工程项目风险分担的主要载体，并且工程风险的有效分配问题被认为是建设工程合同缔结与履行的核心经济学问题。但是，通过合同分担项目风险并非总有效，合同之外仍然存在未能明确分配的工程项目风险。可见，在工程项目风险分担实践中，签约阶段所缔结的工程合同只能实现对工程项目风险分担的初次分配，未来依然可能需要进一步调整或补充。因此，风险分担通常分为签约阶段的风险初次分担以及履约阶段的风险再分担。

1. 风险初次分担的概念

初次风险分担是指在风险事件事先不能预测的情况下，发承包双方就可能会变动（增加或减少）的工程价款的责任界定和划分的过程，以期在合同价款必须进行调整的条件下合理分配各参与主体的责任，以促使其提高控制风险的积极性。基于此，工程项目风险因素的识别、评估、风险责任的承担主体的确定以及风险责任承担大小的划分等过程均纳入这一基本概念的外延中。

2. 风险再分担的概念

风险再分担是指发承包双方在合同履行阶段识别风险初始合同中不合理分担的风险以及履约过程新出现的次生风险，并对其进行再分配的过程是对风险初次分担方案的弥补或调整，可具体表现为工程变更、调价与索赔等形式。因此，再分担的风险主要有两类：其一是初始风险分担虽然已经约定，但在合同履行中已经不能适应具体的项目实践需要予以重新调整的风险；其二是初始风险分担未能约定，而在项目实施过程中已经发生的项目风险。

二、风险分担的内容

1. 风险初次分担的内容

对于某些项目风险而言，由于在合同中恰当地定义其承担方的交易费用明显高于在履约过程中双方谈判确定其承担方的交易费用，交易双方更倾向于选择不完备程度较高的风险初次分担方案。有效地识别工程项目风险是合理地确定风险初次分担不完备程度的前提。工程建设过程中存在着大量的不确定因素和风险，其风险因素按照来源可分为政治环境风险、经济环境风险、法律环境风险、自然环境风险、履约风险、工程技术风险、决策风险以及经营风险。

（1）政治环境风险包括战争、内乱；国有化或没收与征用；政策、法律法规风险；社会风气、治安状况；对外关系或国际信誉等。

（2）经济环境风险包括通货膨胀；物价上涨和价格调整风险；承包商的资金供应不足；带资承包风险；没收保函；外汇、汇率；税收歧视等风险。

（3）自然环境风险包括影响工程实施的气候条件，特别是炎热酷暑期过长、长期冰冻、降雨等；台风、洪水、地震、火山爆发、海啸、泥石流等自然灾害；施工现场地理位置，对材料的运输产生影响的各种因素；施工场地狭小，地质条件复杂可能导致工程毁损或有害于施工人员健康的人为或非人为因素形成的风险等。

（4）工程技术风险包括新技术、新工艺以及特殊的施工设备；现场地质地基条件、水文气候条件复杂，干扰因素多，施工技术难度大；技术力量、施工力量、设备水平不足；技术设计、施工方案、施工计划、组织措施存在缺陷和漏洞；技术规范的要求不合理，或者过于苛刻；工程变更等。

（5）履约风险包括设备、材料质量不合格；设备、材料未能按计划运达工地；设备未能及时配套供应、不能及时办理批准手续、不能按时征地拆迁及做好开工前的准备工作；变更图纸供应不及时、使工程实施停工待图；发包人支付能力差拖延付款；工程师的拖延或减扣等。

（6）决策风险包括工程师不胜任项目管理工作、不能按照合同及时恰当地处理工程实施中发生的各类问题；工程师渎职、不负责任造成的各种损失；少数工程师以权谋私、行为腐败，或被承包商拉拢腐蚀所造成的损失和风险。

在合理地确定风险初次分担不完备程度的前提下，交易双方还应通过提高风险初次分担的恰当性向合同中注入激励契约，促使代理方按照委托方的意愿更加有效工作，同时预设良好的事后支持制度，如合同主体承担风险与其控制权、收益的分别匹配等，为风险再分担提供治理依据。

2. 风险再次分担的内容

由于风险初次分担的不完备性，在合同执行过程中对其漏洞进行弥补、对其不当之处进行调整的风险再分担即成为必需，其实现的途径 ADR（Alternative Dispute Resolution，解决争议的替代方式或非诉讼纠纷解决程序），通常认为包括协商、调解、仲裁三种方式。风险再分担内容具体实施主要包括：签订补充协议、调整合同条款以及变更、调价、索赔等合同管理手段。

（1）签订补充协议是指通过交易双方的博弈确定初始合同中未规定却在事后出现的风险（包括初始合同中遗漏的风险以及履约过程中出现的次生风险）的归属。但在合同的执行过程中出现合同中未约定或者约定不明确的风险时，需双方通过协商的方式确定这一风险各方应当承担的内容，发包方希望能尽可能少地支付额外的价款，承包方希望能够减少风险带来的损失或者获得额外的利润，因此，达成补充协议并非易事。

（2）调整合同条款是指通过交易双方的博弈对初始合同中不完全恰当的风险分担进行调整，以应对实际的变化。发承包双方通过风险初次分担所达到的均衡状态是相对的，如果在后续阶段某一因素变化打破了这一均衡状态，则应按照合同规定对其进行调整以达到新的均衡。

（3）变更、调价与索赔等合同管理手段普遍被视为发承包双方之间风险的再分配，承包商甚至将其视为利用风险创收的三大支柱，合理的变更、调价与索赔使合同约定的收益分配不但不因风险的出现而遭受扭曲，甚至能实现其效用最大；反之，合同的不完全则会演变为争议与纠纷，导致项目管理的低绩效。

三、风险分担的原则

对于工程项目风险在合同双方之间如何合理分担，国际学术界虽然没有统一的认识，但归纳起来有以下五个基本原则：

（1）一方应为其自身的恶意行为或渎职引起的风险负责。第一项原则适用于"不规"行为造成的风险，通常情况下此类的风险应由责任方承担，但为了项目的最大利益，合同的另一方应该给以监督，尽量避免发生此类情况。如在工程项目实践中，发包人未能按照约定时间提供图纸导致承包人费用和（或）工程延误，责任应由发包人承担，但承包人若及时提醒发包人按时提供图纸，可避免费用损失和工程延误。

（2）如果一方能很方便地对某风险进行保险，并能将保险费消化在其费用中，则该风险最好由该方承担。第二项原则适用于能够通过某种手段可以从合同双方转移出去的风险，此类风险主要指的是可以投保的风险。理论上讲，合同双方都可以去办理保险，但应让能够以较低保险费办理保险的一方去做。在保险市场成熟的情况下，无论何方保险，保险费都相差不大。但如果是国际工程，则保险费可能因保险市场区域的影响而有所不同。如在工程项目实践中，承包人应为其施工设备等办理财产保险，而发包人应投保建筑工程一切险或安装工程一切险。

（3）如果一方是管理某项风险所获得的经济利益的最大受益者，则该风险应由该方承担。第三项原则体现的是"责利"对等的思想，在复杂的工程环境中，有时很难简单地判断控制好一项风险对何方经济上更有利，需要根据具体的项目认真分析。如在工程项目实践中，发包人要求提前竣工，则发包人应承担增加的费用以及提前竣工的奖励。

（4）如果一方能更好地预见和控制该风险，则该风险应由该方承担。第四项原则体现的是"风险管理"的效率问题，但会存在"无利不起早"的现象，即能更好地控制风险的一方若不能享有控制风险的相应利益，则可能不愿意承担此风险。如在工程项目实践中，承包人可能会采用工程质量奖励制度来保证工程质量达到预期的工程质量目标。

（5）如果某风险发生后，一方为直接受害者，则该风险应划分给该方。第五项原则体现的是"风险自我保护"的思想，即当人们的自身利益可能受到损害时，更能主动地采取措施去避免这种风险，从而提高管理效率。但如何去判定哪一方是潜在的直接受害人，则要在合同中拟定有关条款来加以体现。因此，这些风险分担原则需要加以具体化，并在合同中体现出来。如在工程项目实践中，承包人会更为关注工程的安全施工，来预防和规避此类风险。

不同的风险事项采用的风险分担的原则是不同的，结合上文对风险分担原则的分析，工程风险分担的适用原则如表2-1所示：

表 2-1　工程风险分担的适用原则

序号	风险分类	风险事项	风险分担的原则
1	社会环境风险	骚乱、戒严、暴动、战争等	5
2	经济环境风险	市场价格波动	2
3	法律环境风险	法律变化	2
4	自然环境风险	化石、文物	5
5		环境保护	4
6		不利物质条件（不包括气候条件）	5
7		异常恶劣的气候条件	5
8		地震、海啸、瘟疫等	5

续表

序号	风险分类	风险事项	风险分担的原则
9		图纸提供延误	1
10		施工现场、施工条件和基础资料的提供	1
11		项目经理的确认	2
12		监理人检查和检验	2
13		工程质量问题	1、4
14		重新检查	2
15		承包人私自覆盖	1
16		质量争议检测	1
17		安全文明施工费	3
18		紧急情况处理	5
19		开工通知延误发出	1
20		发包人原因导致暂停施工	1
21		承包人原因导致暂停施工	1
22	履约风险	暂停施工后复工	1
23		暂停施工期间的工程照管	2
24		提前竣工	3
25		承包人采购的材料和工程设备	1
26		发包人提供的材料和工程设备	1
27		不合格的材料和工程设备	1
28		发包人原因导致工期延误	1
29		承包人原因导致工期延误	1
30		价款支付延误	4
31		提前交付验收	3
32		暂估价合同订立和履行迟延	1
33		发包人延迟组织竣工验收	1
34		发包人违约	1
35		承包人违约	1
36		第三人造成的违约	1
37		现场地质、水文等资料的准确性	4
38		场外交通	4
39		场内交通	4
40		道路和桥梁的损坏	4
41		基础资料准确性	1
42	工程技术风险	工程照管与成品、半成品保护不利	1
43		安全生产责任	5
44		测量放线资料提供不准确	1
45		承包人使用的施工设备不能满足合同要求	1
46		工程试车	2
47		投料试车	1、2

续表

序号	风险分类	风险事项	风险分担的原则
48	决策风险	监理人指示错误	1
49	经营	因发包人违约解除合同	1
50	风险	因承包人违约解除合同	1

注：风险分担原则中1为第一项原则，2为第二项原则，3为第三项原则，4为第四项原则，5为第五项原则。

上述风险发生时按照合同约定进行分担的属于风险的初次分担，不能按照合同约定进行风险分担或不包括在上述风险中而形成争议，需要通过签订补充协议、调整合同条款以及变更、调价、索赔等合同管理手段进行解决的风险属于风险的再次分担，简而言之，合同价款的约定属于风险的初次分担，合同价款的调整属于风险的再次分担。

四、风险分担的影响因素

工程项目风险分担决策的复杂性使得风险分担影响因素具有多样性，故工程项目风险分担要达到多赢的局面，应该结合具体项目类型及特征予以分担。影响工程项目风险分担的因素主要有以下几个方面：

（1）项目类型。不同类型项目的风险及其损失存在差异，影响风险分担格局，如PPP项目与工业项目风险分担格局明显不同。

（2）发包/融资方式。发包/融资方式决定了承包商介入项目的时点、职责与管理范围，相应地成为风险分担的基本依据。

（3）发承包合同类型。主要表现在不同的合同计价方式对风险分担的影响，如单价合同方式下往往要求发包人承担工程量的风险。

（4）发包人风险分担理念。发包人在风险分配中处于较主动地位，其基本理念是合理地分担风险或是转移风险，直接影响风险合理分担。

（5）风险分担激励措施。风险分担的激励机制主要表现为承担的风险与预期的损失、预期收益及其项目控制权等之间的匹配性。

（6）风险分担程序设计。风险分担具有动态性与阶段性，合约订立与执行过程中对于风险分担程序的设计能够影响风险分担效率。

（7）承担者的控制力。"把风险分配给最有控制力一方"是公认的风险分担原则，承担风险与其控制能力匹配可减少风险管理成本。

（8）承担者的风险偏好。风险承担者对风险的偏好系数大意味着其最适合承担该风险，风险分担结果的满意度更大。

第二节　合理的风险分担对工程项目管理绩效的改善

一、以合同为纽带的风险分担整体框架

风险分担是"合同"的重要内容，其必定具有与合同相同的动态性与多次性。根据不完全契约理论，合同天然是不完全的，由于不完全合同不能规定各种或然状态下的权责，主张在自然状态实现后通过再谈判（renegotiation）来解决，因此，现实中的契约安排除了在合同条款的完备程度上存在差异，更为重要的是，合同的执行环节及事后支持制度也存在很大差异。基于不完全契约的初始契约与再谈判模型，风险分担亦可相应地解构为缔约阶段的初始风险分担（对应于初始契约）与履约阶段的风险再分担（对应于再判）。在项目合同谈判期间，发包人与承包商通过协商达成的初始合同属初次风险分担范畴，而在合同履约阶段，由于变更、索赔，或对合同条款的修订则属于风险再分担范畴，工程项目风险分担框架图如图 2-1 所示。

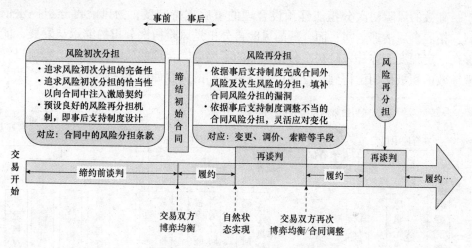

图 2-1　工程项目风险分担框架

风险初次分担重在接近完备的风险分担，并通过提高风险分担的恰当性向合同中注入激励契约，同时预设良好的事后支持制度为风险再分担提供治理依据；而风险在分担重在依据合同中的事后支持制度填补合同中的漏洞和调整风险初次分担的不恰当，通过项目治理手段弥补合同的不完全，灵活应对项目交易中的变化，在工程实践中表现为，发承包双方在履约阶段依据合同通过变更、调价、索赔等手段对未在合同中进行合理分担的风险以及履约过程中出现的次生风险进行再分担。通过上述分析可知：

（1）风险分担是以合同为纽带的贯穿于项目交易全过程的复杂制度设计，它包括事前的合同风险分担以及据此展开的事后风险再分担两个过程：前者追求完备、恰当，旨在激励，并为后者预设治理依据；而后者依据前者预设的事后支持制度填补漏洞、灵活应对变化，旨在治理。

（2）合同中预设的事后支持制度是衔接风险初次分担与再分担的桥梁，有利于实现风险分担的动态性与继承性，包含这种事后支持制度的合同风险分担本身即是一种治理机制，它能够极大地拓展履约阶段项目治理的空间，很大程度上决定了风险再分担能否有效弥补合同的不完备，对于工程项目管理绩效改善具有积极作用。

显然，为了提高风险分担的效率和效果，合同风险分担与风险再分担应被视为一个整体框架、以动态发展的思想来进行统筹安排与设计，并将风险再分担向前集成体现在合同风险分担中，事实上，从项目治理角度看，合同（包括其重要组成部分的风险分担）本身就是一种项目治理机制。

二、风险分担与项目管理绩效的关系

高效的风险初次分担能够预设合理的事后支持制度，为风险再分担提供依据，拓展事后治理空间；而合理的风险再分担是风险初次分担的继承与发展，能够在一定程度上弥补风险初次分担天然的不完全。合理的风险分担对工程项目管理绩效的积极作用已得到广泛认可，二者之间的关联如图 2-2 所示：

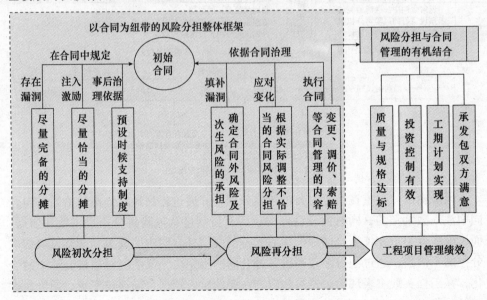

图 2-2　风险分担与工程项目管理绩效的关系

　　图 2-2 所示的关联形式揭示了风险分担对工程项目管理绩效的影响机理，风险初次分担针对合同价款的约定阶段，风险再次分担是对风险初次分担的弥补，二者共同作用于工程项目管理绩效。对于风险分担方案的制定与选择通常仅仅依据交易双方的风险偏好、应对风险的能力等，而不考虑项目绩效目标的差异化。事实上，工程实践中任何项目都是受到特定资源或目标约束的，并且这些约束是非均衡的，因此，不同工程项目往往具有特殊的现实需求，致使其绩效目标有所不同（表现为更加侧重某一关键指标，如成本或工期），如 Frederick 提出合理的风险分担应使各参与主体承担风险的总经济成本最小；F. Ahwireng- Obeng &J. P. Mokgohlwa 提出合理的风险分担能够最优地实现对合同双方的激励，确保工程项目的高质量交付；Hayford 指出合理的风险分担能够以更低廉的价格实现更高质量的项目成果。由此可见，风险分担能够改善工程项目管理绩效的部分关键指标，贡献于工程项目的管理绩效。

第三章 现行示范文本中风险分担的规定

第一节 《建设工程施工合同（示范文本）》的基本内容

为指导建设工程施工合同当事人的签约行为，维护合同当事人的合法权益，2013年4月，住房和城乡建设部联合国家工商行政管理总局印发建市〔2013〕56号文件，发布了《建设工程施工合同（示范文本）》（GF-2013-0201）（以下简称13版《示范文本》）。13版《示范文本》由合同协议书、通用合同条款和专用合同条款三部分组成。

1. 合同协议书

13版《示范文本》合同协议书共计13条，主要包括：工程概况、合同工期、质量标准、签约合同价和合同价格形式、项目经理、合同文件构成、承诺以及合同生效条件等重要内容，集中约定了合同当事人基本的合同权利义务。

2. 通用合同条款

通用合同条款是合同当事人根据《中华人民共和国建筑法》、《中华人民共和国合同法》等法律法规的规定，就工程建设的实施及相关事项，对合同当事人的权利义务做出的原则性约定。

通用合同条款共计20条，具体条款分别为：一般约定、发包人、承包人、监理人、工程质量、安全文明施工与环境保护、工期和进度、材料与设备、试验与检验、变更、价格调整、合同价格、计量与支付、验收和工程试车、竣工结算、缺陷责任与保修、违约、不可抗力、保险、索赔和争议解决。前述条款安排既考虑了现行法律法规对工程建设的有关要求，也考虑了建设工程施工管理的特殊需要。

3. 专用合同条款

专用合同条款是对通用合同条款原则性约定的细化、完善、补充、修改或另行约定的条款。合同当事人可以根据不同建设工程的特点及具体情况，通过双方的谈判、协商对相应的专用合同条款进行修改补充。在使用专用合同条款时，应注意以下事项：

（1）专用合同条款的编号应与相应的通用合同条款的编号一致；

（2）合同当事人可以通过对专用合同条款的修改，满足具体建设工程的特殊要求，避免直接修改通用合同条款；

（3）在专用合同条款中有横道线的地方，合同当事人可针对相应的通用合同条款进行细化、完善、补充、修改或另行约定；如无细化、完善、补充、修改或另行约定，则填写"无"或划"/"。

除合同协议书、通用合同条款和专用合同条款三部分外，13版《示范文本》还包括了11个附件：协议书附件——承包人承揽工程项目一览表；专用合同条款附件——发包人供应材料设备一览表、工程质量保修书、主要建设工程文件目录、承包人用于本工程施工的机械设备表、承包人主要施工管理人员表、分包人主要施工管理人员表、履约担保格式、预付款担保格式、支付担保格式、暂估价一览表。

第二节　《建设工程施工合同（示范文本）》中的合同风险分担的规定

一、《建设工程施工合同（示范文本）》的适用范围

13版《示范文本》为非强制性使用文本，适用于房屋建筑工程、土木工程、线路管道和设备安装工程、装修工程等建设工程的施工发承包活动，合同当事人可结合建设工程具体情况，根据13版《示范文本》订立合同，并按照法律法规规定和合同约定承担相应的法律责任及合同权利义务。

二、合同当事人的义务

1. 发包人义务

（1）许可或批准。发包人应遵守法律，并办理法律规定由其办理的许可、批准或备案，包括但不限于建设用地规划许可证、建设工程规划许可证、建设工程施工许可证、施工所需临时用水、临时用电、中断道路交通、临时占用土地等许可和批准。发包人应协助承包人办理法律规定的有关施工证件和批件。

（2）发包人代表。发包人应在专用合同条款中明确其派驻施工现场的发包人代表的姓名、职务、联系方式及授权范围等事项。发包人代表在发包人的授权范围内，负责处理合同履行过程中与发包人有关的具体事宜。发包人代表在授权范围内的行为由发包人承担法律责任。发包人更换发包人代表的，应提前7天书面通知承包人。

发包人代表不能按照合同约定履行其职责及义务，并导致合同无法继续正常履行的，承包人可以要求发包人撤换发包人代表。

（3）发包人人员。发包人应要求在施工现场的发包人人员遵守法律及有关安全、质量、环境保护、文明施工等规定，并保障承包人免于承受因发包人人员未遵守上述要求给承包人造成的损失和责任。发包人人员包括发包人代表及其他由发包人派驻施工现场的人员。

（4）施工现场、施工条件和基础资料的提供。

除专用合同条款另有约定外，发包人应最迟于开工日期7天前向承包人移交施工现场。

除专用合同条款另有约定外，发包人应负责提供施工所需要的条件，包括：

①将施工用水、电力、通讯线路等施工所必需的条件接至施工现场内；

②保证向承包人提供正常施工所需要的进入施工现场的交通条件；

③协调处理施工现场周围地下管线和邻近建筑物、构筑物、古树名木的保护工作，并承担相关费用；

④按照专用合同条款约定应提供的其他设施和条件。

发包人应当在移交施工现场前向承包人提供施工现场及工程施工所必需的毗邻区域内供水、排水、供电、供气、供热、通信、广播电视等地下管线资料，气象和水文观测资料，地质勘察资料，相邻建筑物、构筑物和地下工程等有关基础资料，并对所提供资料的真实性、准确性和完整性负责。按照法律规定确需在开工后方能提供的基础资料，发包人应尽其努力及时地在相应工程施工前的合理期限内提供，合理期限应以不影响承包人的正常施工为限。

（5）资金来源证明及支付担保。除专用合同条款另有约定外，发包人应在收到承包人要求提供资金来源证明的书面通知后28天内，向承包人提供能够按照合同约定支付合同价款的相应资金来源证明。

除专用合同条款另有约定外，发包人要求承包人提供履约担保的，发包人应当向承包人提供支付担保。支付担保可以采用银行保函或担保公司担保等形式，具体由合同当事人在专用合同条款中约定。

（6）支付合同价款. 发包人应按合同约定向承包人及时支付合同价款。

（7）组织竣工验收。发包人应按合同约定及时组织竣工验收。

（8）现场统一管理协议。发包人应与承包人、由发包人直接发包的专业工程的承包人签订施工现场统一管理协议，明确各方的权利义务。施工现场统一管理协议作为专用合同条款的附件。

2. 承包人义务

承包人在履行合同过程中应遵守法律和工程建设标准规范，并履行以下义务：

（1）办理法律规定应由承包人办理的许可和批准，并将办理结果书面报送发包人留存；

（2）按法律规定和合同约定完成工程，并在保修期内承担保修义务；

（3）按法律规定和合同约定采取施工安全和环境保护措施，办理工伤保险，确保工程及人员、材料、设备和设施的安全；

（4）按合同约定的工作内容和施工进度要求，编制施工组织设计和施工措施计划，并对所有施工作业和施工方法的完备性和安全可靠性负责；

（5）在进行合同约定的各项工作时，不得侵害发包人与他人使用公用道路、水源、市政管网等公共设施的权利，避免对邻近的公共设施产生干扰。承包人占用或使用他人的施工场地，影响他人作业或生活的，应承担相应责任；

（6）按照合同中环境保护部分的条款约定负责施工场地及其周边环境与生态的保护工作；

（7）按照合同中安全文明施工的条款约定采取施工安全措施，确保工程及其人员、材料、设备和设施的安全，防止因工程施工造成的人身伤害和财产损失；

（8）将发包人按合同约定支付的各项价款专用于合同工程，且应及时支付其雇用人员工资，并及时向分包人支付合同价款；

（9）按照法律规定和合同约定编制竣工资料，完成竣工资料立卷及归档，并按专用合同条款约定的竣工资料的套数、内容、时间等要求移交发包人；

（10）应履行的其他义务。

三、通用合同条款对施工合同价款风险分担的规定

13 版《示范文本》中的合同风险分担的规定如表 3-1 所示。

表 3-1　13 版《示范文本》风险分担

风险分类	风险事项	分担原则	承担方	条款号	条款内容	承担风险范围
社会环境风险	骚乱、戒严、暴动、战争等	5	O + A	17	不可抗力	按法律规定及合同约定各自损失各自承担
经济环境风险	市场价格波动	2	O + A	11.1	市场价格波动引起的调整	O：物价波动在风险幅度以外部分进行调价，风险由发包人承担；A：物价波动在风险幅度以内不调价，由承包人承担

建设工程工程量清单与施工合同

续表

风险分类	风险事项	分担原则	承担方	条款号	条款内容	承担风险范围
法律环境风险	法律变化	2	O	11.2	基准日期后，法律变化引起的调整	C＋T
			A	11.2	因承包人原因造成的工期延误期间，法律法规变化引起价款的调整	承包人承担增加的费用和（或）工期延误
自然环境风险	化石、文物	5	O	1.9	施工现场发掘化石、文物	C＋T
	环境保护	4	A	6.3	承包人应当承担引起原因引起的环境污染侵权损害赔偿责任	承包人承担增加的费用和（或）工期延误
	不利物质条件（不包括气候条件）	5	O	7.6	承包人在施工过程中遇到不利物质条件	C＋T
	异常恶劣的气候条件	5	O	7.7	承包人在施工过程中遇到的异常恶劣的气候，对合同履行造成实质性影响	C＋T
	地震、海啸、瘟疫等	5	O＋A	17	不可抗力	按法律规定及合同约定各自损失各自承担
履约风险	图纸提供延误	1	O	1.6.1	因发包人原因延迟提供图纸	C＋T
	施工现场、施工条件和基础资料的提供	1	O	2.4	发包人未按合同约定向承包人提供施工现场、施工条件和基础资料	C＋T
	项目经理的确认	2	A	3.2.1	未按合同约定向发包人提交项目经理的有关资料	承包人承担增加的费用和（或）工期延误
	工程质量问题	4	A	5.1.3	因承包人原因造成工程质量未达到合同约定标准	承包人承担增加的费用和（或）延误的工期
			A	5.4.1	因承包人原因造成工程不合格	
		1	O	5.1.2	因发包人原因造成工程质量未达到合同约定标准	C＋T＋P
			O	5.4.2	因发包人原因造成工程不合格	
	监理人检查和检验	2	O/A	5.2	监理人对工程的所有部位及其施工工艺、材料和工程设备检查和检验	符合质量要求——O：C＋T 不符合质量要求——A：承包人承担增加的费用和（或）工期延误
				9.3.3	监理人对有异议的材料、工程设备等重新检验	

48

续表

风险分类	风险事项	分担原则	承担方	条款号	条款内容	承担风险范围
履约风险	重新检查	2	O/A	5.3.3	对已经覆盖的隐蔽部位重新检查	符合质量要求——O：C+T+P　不符合质量要求——A：承包人承担增加的费用和（或）工期延误
	承包人私自覆盖	1	A	5.3.4	监理人指示承包人将私自覆盖的隐蔽部位进行检查	承包人承担增加的费用和（或）工期延误
	质量争议检测	1	O+A	5.5	质量争议检测	由此产生的费用及因此造成的损失，由责任方承担
	安全文明施工费	3	A	6.1.6	承包人将安全文明施工费挪作他用	承包人承担增加的费用和（或）工期延误
	紧急情况处理	5	A	6.1.7	工程实施期间或缺陷责任期内发生危机工程安全的事件	承包人承担增加的费用和（或）工期延误
	开工通知延误发出	1	O	7.3.2	因发包人原因造成监理人未能按期发出开工通知	C+T+P
	发包人原因导致暂停施工	1	O	7.8.1	因发包人原因引起暂停施工	C+T+P
	承包人原因导致暂停施工	1	A	7.8.2	因承包人原因引起暂停施工	承包人承担增加的费用和（或）工期延误
	暂停施工后复工	1	A	7.8.5	承包人无故拖延或拒绝复工	承包人承担增加的费用和（或）工期延误
			O	7.8.5	因发包人原因无法按时复工	C+T+P
	暂停施工期间的工程照管	2	O/A	7.8.7	承包人在暂停施工期间应负责妥善照管工程并提供安全保障	由此增加的费用由责任方承担
	提前竣工	3	O	7.9	发包人要求提前竣工	C+奖励
	承包人采购的材料和工程设备	1	A	8.3.2；8.4.2	承包人采购材料和工程设备不符合设计或有关标准要求	承包人承担增加的费用和（或）工期延误

续表

风险分类	风险事项	分担原则	承担方	条款号	条款内容	承担风险范围
履约风险	发包人提供的材料和工程设备	1	O	8.3.1	发包人提供材料和工程设备的规格、数量或质量不合格或迟延提供或变更交货地点	C+T+P
	不合格的材料和工程设备	1	A	8.5.1	再次检查承包人更换的材料或工程设备	承包人承担增加的费用和（或）工期延误
			O	8.5.3	发包人更换其提供的不合格材料、工程设备	C+T+P
	发包人原因导致工期延误	1	O	7.5.1	因发包人原因导致工期延误	C+T+P
	承包人原因导致工期延误	1	A	7.5.2	因承包人原因导致工期延误	违约金
	价款支付延误	4	O	14.2	发包人未按期支付竣工结算款	违约金
			O	14.4.2	发包人未按期支付最终结清款	
	提前交付验收	3	O	13.4.2	发包人在工程竣工前要求承包人交付验收	C+T+P
	暂估价合同订立和履行迟延	1	O	10.7.3	因发包人原因导致暂估价合同订立和履行迟延	C+T+P
			A	10.7.3	因承包人原因导致暂估价合同订立和履行迟延	承包人承担增加的费用和（或）工期延误
	发包人延迟组织竣工验收	1	O	13.2	竣工验收	违约金
	发包人违约	1	O	16.1.2	发包人违约的责任	C+T+P
	承包人违约	1	A	16.2.2	承包人违约的责任	承包人承担增加的费用和（或）延误的工期
	第三人造成的违约	1	O/A	16.3	一方当事人因第三人的原因造成违约	责任方承担违约责任
工程技术风险	现场地质、水文等资料的准确性	4	A	1.10.1	承包人未合理预见工程施工所需的进出施工现场的方式、手段等	承包人承担增加的费用和（或）延误的工期
				3.4	承包人现场查勘	

50

风险分类	风险事项	分担原则	承担方	条款号	条款内容	承担风险范围
工程技术风险	场外交通	4	O	1.10.2	场外交通设施无法满足工程施工需要	C
	场内交通	4	A	1.10.3	因承包人原因造成道路或交通设施破坏	C
	道路和桥梁的损坏	4	A	1.10.5	因承包人运输造成施工场地内外公共道路和桥梁的损坏	C+赔偿
	基础资料准确性	1	O	2.4.4	发包人未按合同约定及时提供施工现场、施工条件和基础资料	C+T
	工程照管与成品、半成品保护不利	1	A	3.6	在承包人照管期间，因承包人造成工程、材料等损坏	承包人承担增加的费用和（或）延误的工期
	安全生产责任	5	O/A	6.1.9	安全责任	各自责任各自负责
	测量放线资料提供不准确	1	O	7.4	发包人提供的测量放线资料错误	C+T+P
	承包人使用的施工设备不能满足合同要求	1	A	8.8.3	承包人使用的施工设备不能满足合同进度计划和质量要求	承包人承担增加的费用和（或）延误的工期
工程技术风险	工程试车	2	O	13.3.2	因设计原因导致试车达不到验收要求	C+T
			A	13.3.2	承包人原因导致试车达不到验收要求	C
			O/A	13.3.2	因工程设备制造原因导致试车达不到验收要求	采购该设备的合同当事人承担增加的费用及延误的工期
	投料试车	1	A	13.3.3	承包人原因造成投料试车不合格	C
		2	O	13.3.3	非因承包人原因导致投料试车不合格	C
决策风险	监理人指示错误	1	O	4.3	因监理人未按合同约定发出指示、指示延误或发出了错误指示	C+T
经营风险	因发包人违约解除合同	1	O	16.1.3	发包人违约	C+P
	因承包人违约解除合同	1	A	16.2.3	承包人违约	违约金

注：表中 O 为发包人承担，A 为承包商承担；风险分担原则中 1 为第一项原则，2 为第二项原则，3 为第三项原则，4 为第四项原则，5 为第五项原则；T 表示时间，C 表示费用，P 表示利润。

基于上述风险分担原则对 13 版《示范文本》中的风险事项分析表明，13 版《示范文本》对于风险事项的约定全面而细致，尤其是自然环境风险、履约风险、工程技术风险，详细地规定了多数风险事项的分担原则，对于指导发承包商进行工程实践和合同价款管理具有积极意义。

第三节 《建设工程施工合同（示范文本）》 与现行其他示范文本的比较

13 版《示范文本》是依据《中华人民共和国合同法》、《中华人民共和国建筑法》、《中华人民共和国招标投标法》以及相关法律法规，住房和城乡建设部、国家工商行政管理总局对《建设工程施工合同（示范文本）》（GF-1999-0201）进行修订而制定的。然而，由于 99 版《示范文本》随着我国新的法律、行政法规的相继出台，尤其是 2007 年九部委联合颁布的《标准施工招标文件》（以下简称 07 版《标准施工招标文件》），让 99 版《示范文本》在建筑合同领域失去了内容先进性的优势，同时也缺少与我国现行的工程量清单计价方式匹配的内容，因此，相对而言，07 版《标准施工招标文件》作为现行示范文本，与 13 版《示范文本》在风险分担层面进行比较更具有实际意义。本书选择 07 版《标准施工招标文件》作为现行示范文本，与 13 版《示范文本》在风险分担层面进行比较。

一、2007 版《标准施工招标文件》的适用范围

07 版《标准施工招标文件》适用于一定规模以上，且设计和施工不是由同一承包商承担的工程施工招标。07 版《标准施工招标文件》规定，国务院有关行发包人管部门可根据标准施工招标文件并结合本行业施工招标特点和管理需要，编制行业标准施工招标文件。近年来，各部委陆续出台了行业标准施工招标文件规定，国务院有关行发包人管部门可根据标准施工招标文件并结合本行业施工招标特点和管理需要，编制行业标准施工招标文件。近年来，各部委陆续出台了行业标准施工招标文件。住房和城乡建设部发布建市〔2010〕88 号文"住房和城乡建设部关于印发《房屋建筑和市政工程标准施工招标资格预审文件》和《房屋建筑和市政工程标准施工招标文件》的通知"及两个附件，该文件即为 07 版《标准施工招标文件》的配套文件。

二、合同当事人的义务

1. 发包人义务

（1）遵守法律。发包人在履行合同过程中应遵守法律，并保证承包人免于承担因发包人违反法律而引起的任何责任。

（2）发出开工通知。发包人应委托监理人按约定向承包人发出开工通知。

（3）提供施工场地。发包人应按专用合同条款约定向承包人提供施工场地，以及施工场地内地下管线和地下设施等有关资料，并保证资料的真实、准确、完整。

（4）协助承包人办理证件和批件。发包人应协助承包人办理法律规定的有关施工证件和批件。

（5）组织设计交底。发包人应根据合同进度计划，组织设计单位向承包人进行设计交底。

（6）支付合同价款。发包人应按合同约定向承包人及时支付合同价款。

（7）组织竣工验收。发包人应按合同约定及时组织竣工验收。

（8）其他义务。发包人应履行合同约定的其他义务。

2. 承包人义务

（1）遵守法律。承包人在履行合同过程中应遵守法律，并保证发包人免于承担因承包人违反法律而引起的任何责任。

（2）依法纳税。承包人应按有关法律规定纳税，应缴纳的税金包括在合同价格内。

（3）完成各项承包工作。承包人应按合同约定以及监理人做出的指示，实施、完成全部工程，并修补工程中的任何缺陷。除专用合同条款另有约定外，承包人应提供为完成合同工作所需的劳务、材料、施工设备、工程设备和其他物品，并按合同约定负责临时设施的设计、建造、运行、维护、管理和拆除。

（4）对施工作业和施工方法的完备性负责。承包人应按合同约定的工作内容和施工进度要求，编制施工组织设计和施工措施计划，并对所有施工作业和施工方法的完备性和安全可靠性负责。

（5）保证工程施工和人员的安全。承包人应按约定采取施工安全措施，确保工程及其人员、材料、设备和设施的安全，防止因工程施工造成的人身伤害和财产损失。

（6）负责施工场地及其周边环境与生态的保护工作。承包人应按照约定负责施工场地及其周边环境与生态的保护工作。

（7）避免施工对公众与他人的利益造成损害。承包人在进行合同约定的各项工作时，不得侵害发包人与他人使用公用道路、水源、市政管网等公共设施的权利，避免对邻近的公共设施产生干扰。承包人占用或使用他人的施工场地，影响他人作业或生活的，应承担相应责任。

（8）为他人提供方便。承包人应按监理人的指示为他人在施工场地或附近实施与工程有关的其他各项工作提供可能的条件。除合同另有约定外，提供有关条件的内容和可能发生的费用，由监理人商定或确定。

（9）工程的维护和照管。工程接收证书颁发前，承包人应负责照管和维护工程。工程接收证书颁发时尚有部分未竣工工程的，承包人还应负责该未竣工工程的照管和维护工作，直至竣工后移交给发包人为止。

（10）其他义务。承包人应履行合同约定的其他义务。

三、2007版《标准施工招标文件》与《建设工程施工合同（示范文本）》通用合同条款的风险分担对比

07版《标准施工招标文件》与13版《示范文本》通用合同条款中的风险分担大体相同，13版《示范文本》在07版《标准施工招标文件》的基础上新增了部分风险分担事项条款，同时对原有风险分担条款仅明确责任划分而未明确费用、工期承担的条款进行了补充，13版《示范文本》具体新增风险分担条款及明确原风险事项承担范围条款如表3-2所示。

表3-2　13版《示范文本》新增风险分担条款及明确原风险事项承担范围条款

类别	风险事项	条款号	条款内容	承担风险范围
新增风险分担条款	法律变化	11.2	因承包人原因造成的工期延误期间，法律法规变化引起价款的调整	承包人承担增加的费用和（或）工期延误
	项目经理的确认	3.2.1	未按合同约定向发包人提交项目经理的有关资料	承包人承担增加的费用和（或）工期延误
		6.1.6	承包人将安全文明施工费挪作他用	承包人承担增加的费用和（或）工期延误
	安全文明施工费	10.7.3	因发包人原因导致暂估价合同订立和履行延迟	发包人承担增加的费用和工期延误，并支付承包人合理利润
	暂估价合同订立和履行迟延	10.7.3	因承包人原因导致暂估价合同订立和履行延迟	承包人承担增加的费用和（或）工期延误
		13.3.3	承包人原因造成投料试车不合格	承包人承担费用
	投料试车	13.3.3	非因承包人原因导致投料试车不合格	发包人人承担费用

续表

类别	风险事项	条款号	条款内容	承担风险范围
明确原风险事项承担范围条款	开工通知延误发出	7.3.2	因发包人原因造成监理人未能按期发出开工通知	发包人承担增加的费用和工期延误，并支付承包人合理利润
	发包人延迟组织竣工验收	13.2	竣工验收	违约金
	基础资料准确性	2.4.4	发包人未按合同约定及时提供施工现场、施工条件和基础资料	发包人承担增加的费用和工期延误
	工程照管与成品、半成品保护不利	3.6	在承包人照管期间，因承包人造成工程、材料等损坏	承包人承担增加的费用和工期延误
	工程试车	13.3.2	因设计原因导致试车达不到验收要求	发包人承担增加的费用和工期延误
		13.3.2	承包人原因导致试车达不到验收要求	承包人承担增加的费用
		13.3.2	因工程设备制造原因导致试车达不到验收要求	采购该设备的合同当事人承担增加的费用及延误的工期

同时，13版《示范文本》相对于07版《标准施工招标文件》也有部分改变，主要改变包括法律法规变化时工期延误风险由发包人承担、异常恶劣气候时费用风险由发包人承担、发包人违约解除合同时应支付承包人合理利润等，具体如表3-3所示。

表3-3　13版《示范文本》与07版《标准施工招标文件》改变内容

序号	风险事项	07版《标准施工招标文件》		13版《示范文本》		改变内容
		条款号	条款内容	条款号	条款内容	
1	法律变化	16.2	法律变化引起的调整费用由发包人承担	11.2	法律变化引起的调整费用由发包人承担，工期予以顺延	工期延误风险由发包人承担
2	异常恶劣的气候条件	11.4	承包人有权要求发包人延长工期	7.7	承包人因采取合理措施而增加的费用和延误的工期由发包人承担	费用风险由发包人承担
3	发包人违约解除合同	22.2	发包人应按本项约定支付上述金额并退还质量保证金和履约担保	16.1.3	发包人应承担由此增加的费用，并支付承包人合理的利润	承包人合理利润应由发包人支付

基于上述风险分担事项对比可以看出，13版《示范文本》与07版《标准施工招标文件》风险分担内容的规定基本一致，13版《示范文本》是在07版《标准施工招标文件》的基础上的补充和完善，对风险分担更为明确和详细，内容更加丰富和全面，有助于发承包双方的合理风险分担以及合同价款管理。

第二篇
建设工程施工合同价款的调整

第四章　施工合同价款调整的本质——施工合同不完备性

目前，合同管理已成为工程建设项目管理的核心内容，由于合同签订时的当事人有限理性以及交易成本等要素的存在，使得工程合同签订时的不完备性成为一种常态，这种不完备性是导致施工合同价款调整的本质原因，所以对工程合同不完备性进行补偿是提高工程合同执行效率和避免工程合同争端、保证建设项目顺利完成的必然选择。对工程合同不完备性成因和表征分析，为工程合同不完备性补偿机制的建立提供指导，从而提高工程合同的执行效率、减少工程合同争端的产生以及实现对工程合同风险的合理控制。

第一节　建设工程施工合同不完备性的成因

一、工程合同不完备性的概述

在合同理论的研究过程中，依据所关注的重点以及研究范围的区别，可以分为完备合同理论以及不完备合同理论。在合同理论的发展过程中，完备合同理论虽然为一些现实问题的解决提供了一定的依据，而且为对规范在委托代理关系中代理人的行为提供了有效的支持。但是由于完备合同是建立在合同各方当事人是完全理性的、信息是完全的以及交易成本是不存在的基础上的，这些假设一般是不成立的，合同各方的当事人存在交易成本，也无法对将来可能出现的所有风险进行合理的预测，并且制定相应的预防措施。因此，对合同理论的研究逐渐由完备合同理论向不完备合同理论发展，其发展历程如表 4-1 所示。

表 4-1　合同理论的发展历程

序号	时间	典型事件或研究方向	发展分支
1	20 世纪 40 ~ 50 年代	阿罗与德布鲁"状态依存商品"思想的提出； 冯·诺依曼和摩根斯坦对"不确定下的选择"进行形式化；对于复杂的交易活动，诸如风险的配置和分担进行正式的分析。	证券组合选择理论以及现代风险投资

序号	时间	典型事件或研究方向	发展分支
2	20世纪60~70年代	"私人信息"和"隐藏行为"的引入；提出"激励相容"和"说真话"等概念；	激励理论、信息经济学、企业理论、公司财务以及更广义的经济制度理论
3	20世纪80~90年代	长期合同以及动态合同的理论开始出现：合同的再谈判、关系合同和不完备合同理论，为分析"所有权"和"控制权"提供了有力的工具。	组织经济学及企业理论

不完备合同（Incomplete Contract）的概念最初是出现在经济学当中，也有部分学者将其翻译成不完全合同、不完备契约或者是不完全契约。不完备合同理论在经济学中主要是用来解决"套牢问题"。而在工程建设项目的实施过程当中也会出现这样的问题，为了确保工程建设项目可以顺利地进行，发承包双方都会投入大量的专用资金以确保建设项目可以按照合同的约定顺利进行，但是随着建设项目的进度的不断推进，合同各方为了确保项目的顺利进行所投入的专用资金也就越来越多，如果在工程建设项目的实施过程中出现意外事件使得工程建设项目无法顺利进行，那么此时对合同双方都会造成损失。合同中的一方退出的话就会给对方造成很大的损失，所以发承包合同双方就会因为这些专用性资产的投入产生"套牢问题"。

不完备合同理论认为合同各方当事人无法对未来可能发生的事件做出预测，因为当事人是有限理性的，而且各方当事人在合同中的地位不同必然会导致信息不对称，因此合同是天然不完备的。因此，本书将工程合同不完备性界定为：合同条款无法对未来发生的所有事情做出明确的合同规定，并且无法在合同条款中对合同各方的权利和义务做出明确与详尽的规定，导致合同的各方当事人无法履行或履行不当，并因此导致的合同争端产生的性质。

二、工程合同不完备性的成因

在工程建设实践中，施工合同的不完备性是由以下一种或几种因素造成的：有限理性、交易成本、信息不对称、交易成本、语言描述局限性和战略模糊性。由于合同双方当事人有的处于信息优势、有的处于信息劣势以及交易成本存在，导致双方当事人会采取机会主义行为以获得更多利益，因此机会主义行为可以合并到不完全信息和交易成本；由于合同双方当事人都是有限理性，因此很难用准确语言对未来所有事项在合同条款中做出准确描述，最终导致合同语言的模糊，合同语言模糊性可以合并到有限理性；有时合同双方当事人为了节约交易成本以及提高合同执行效率，会故意采用不完备合同，因此战略模糊性可以合并到交易成本。因此，导致工程合同不完备性成因主要为有限理性、交易成本和不完全信息。

（一）有限理性

1. 有限理性的发展及概念

有限理性的概念最早是阿罗提出的，他指出有限理性就是指人的行为是"有意识的理性的，但是这种理性又是有限的"，其发展如图4-1所示。由于外界环境的复杂性，因此人们处在一个复杂多变而且充满不确定性的世界当中，伴随着交易的不断增多，这样在交易过程中出现不确定性的可能性就越大，从而使得信息也更加的不完全；而且每个人对外界环境的理解以及认知能力是有限的，不可能做到无所不知。

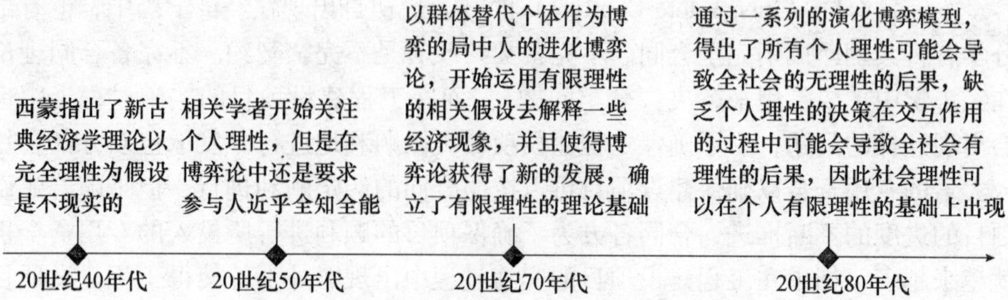

		以群体替代个体作为博弈的局中人的进化博弈论，开始运用有限理性的相关假设去解释一些经济现象，并且使得博弈论获得了新的发展，确立了有限理性的理论基础	通过一系列的演化博弈模型，得出了所有个人理性可能会导致全社会的无理性的后果，缺乏个人理性的决策在交互作用的过程中可能会导致全社会有理性的后果，因此社会理性可以在个人有限理性的基础上出现
西蒙指出了新古典经济学理论以完全理性为假设是不现实的	相关学者开始关注个人理性，但是在博弈论中还是要求参与人近乎全知全能		
◆	◆	◆	◆
20世纪40年代	20世纪50年代	20世纪70年代	20世纪80年代

图4-1　有限理性发展历程图

由于人在心理、生理和语言能力方面的局限性和外在世界的不确定性、复杂性，从事经济活动的人往往在愿望上追求理性，但在实际中只能有限地做到这一点，即人的理性总是有限的。人们即不能在事前把与合同相关的全部信息写入到合同的条款中，也无法预测到将来可能出现的各种各样的偶然事件并针对他们做出详细的行动计划和分配方案。因此，人的有限理性是导致合同不完备性的重要原因。

2. 有限理性的构成

有限理性主要表现在以下三个方面：一是人类的知识是有限的，不可能对未来的情况完全了解并且做出合理的安排。实际上，人类对所处的外界环境的了解也是比较片面的，只是对一些与实际密切相关的因素进行了考虑；二是个人的偏好或者这种偏好是否可以改变，因为个人对事物的评价是否准确受到个人能力的限制，所以想要对价值进行完整的预期是不现实的。三是个人的心理的以及生理的承受的能力也都是有限的，行为主体在制定相应的方案的时候都只能够给出有限的几个可能的备选方案，而且许多的可能的结果都根本进入不了评价的阶段。

（二）不完全信息

在实际的交易过程中，交易各方很难获得完全的信息，所以大部分的交易都是在不完全信息的情况下达成的，而且不完全信息主要包括不对称信息和不确定信息。

1. 不对称信息

不对称信息就是指合同的双方当事人中一方拥有但是另一方却不知道的并且是通过其他的手段无法验证或者获得的信息或者知识。这里所说的"无法验证"，包括验证信息的成本太高而使得验证信息真伪在经济上不合算的情况，假如当事人可以轻而易举的就能够验证信息的真伪，那么当事人很容易地就能够获得别人所掌握的信息，那也就不存在不对称信息了。不对称信息是主观方面和客观方面的原因共同造成的。主观方面的原因主要指的是不同的个体取得信息的能力是不同的，也就是说，不同的个体获取信息的能力是不对称的；客观方面的原因是个体所获得的信息的多少与社会劳动的分工以及专业化等多种的社会因素相关，由于社会分工的不断发展以及专业化程度的不断提高，导致了专业人员和非专业人员之间掌握的信息的差距不断加大，社会成员之间的信息不对称的现象也越来越严重。

不对称信息一般可以分为两类。一类称作外生性不对称信息，就是交易的对象自身所具备的一些特征、属性以及分布的情况等。这种信息主要是由当事人的自身的禀赋导致的必然的结果，而不是由于当事人的行为造成的。这一类的信息一般是在签订合同之前的时候出现，比如说一台设备的质量、耐用性等情况购买者是不了解的。在这样的情况下我们就应该设计一种有效的机制去促使对方能够披露相关的信息以保证确保最合理的合同安排。另一类被称作是内生性的不对称信息，就是在合同签订后他方没办法观察到的、没办法进行监督的以及发生后也没办法推测到的行为所导致的不对称信息。比如说作为企业的管理者，你可以记录工人的工作时间，但是却很难去计量他们工作时的努力程度。在现实当中这两类的不对称信息一般是同时出现的。

在交易的过程中不对称信息容易引起道德风险以及逆向选择问题。道德风险指的是在机会主义的诱惑下，处于信息优势的当事人会利用这种优势只去传递对自己有利的信息，以尽量扩大自己在合作剩余中所占的份额。因此处于信息劣势的当事人一般会采用提高交易价格的方式，以提高的合作剩余的占有份额当作是信息劣势带来的风险的保险费用，从而有效的防范道德风险。但是随着交易价格的上升，会使得交易的选择的范围不正常地集中到高风险的对象上。由于交易都集中到了高风险的对象上，导致了更多的合作的失败，所以提高交易的价格既没有提高合作剩余总量也没有对风险进行有效的防范，这就是逆向选择问题。

2. 不确定信息

不确定信息指的是由于合同双方当事人的意思的变动、外界环境的变化与意外事件的发生所导致的信息内容的变化与信息量的增减。不能够本源地反映事物的本质的信息，即失真的信息就是不确定信息。不确定信息主要是由于交易过程的不确定所导致的。由于合同双方当事人的意思变动、外界环境的变化与意外事件的发生在交易的过程中都是以一定的概率存在的，所以在合同的制定时，合同的双方的当事人需要考虑这三种情况发生的概率。合同双方的当事人主要是通过保险对这三种情况导致的风险进行防范。

通过上述的分析可得，不完全信息的测量指标构成为：不确定信息、外生性不对称信息以及内生性不对称信息，不完全信息的测量指标构成如图4-2所示。

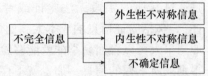

图4-2　不完全信息测量指标体系

（三）交易成本

为了确保合同关系的顺利建立以及实施，就需要展开一系列的活动并且会产生相关的交易成本。交易成本的概念虽然在各个领域得到了广泛的应用，大量学者对相关的概念进行了研究，但是到目前为止还是没有形成一个统一的定义。部分学者从市场机制运行的角度对交易成本的概念进行了界定。交易成本理论最早是由科斯提出并将其引入到经济分析中。他在《企业的性质》中指出交易成本就是发现相对的价格的所有的成本、现实中进行的每一次交易的所发生的谈判以及签约的成本、为了确保合同条款严格执行的成本。也有学者从人类社会分工的角度对交易成本进行了定义。交易成本就是为了获得社会的分工以及专业化所带来的收益需要投入到执行交易功能的资源的消耗。还有学者从合同的角度对交易成本进行了分析。交易成本就是在交易前、交易中以及交易后所发生的与交易有关的各项费用，是所有的制度费用的总和，主要包括收集信息的费用、进行谈判的费用、草拟以及合同实施的费用、对相关的产权进行界定以及实施的费用、监督合同执行的费用以及相关的制度发生改变时发生的费用。

综上所述，虽然目前对于交易成本没有一个统一的定义，研究的角度也各不相同，但是他们的定义并没有质的区别。本书从合同角度对交易成本进行界定，交易成本分为事前交易成本和事后交易成本，也就是合同的起草、谈判、条款的落实以及纠正合同出现的错误、保证实现所有的承诺所花费的所有的费用。事后的交易成本主要包括：一是当交易出现偏差时为纠正偏差引起的错误所发生的费用；二是在对事后错误进行纠正时双方争执所发生的费用；三是为对发生的错误进行纠正而需要建立某种制度或者规则，这些制度或者规则的设立以及运行所需要的费用；四是为确保实现所有的承诺所发生的费用。

1. 事前交易成本

事前交易成本就是合同签订前的交易成本，主要包括：

（1）寻找交易对象支出的成本；

（2）确定交易对象支出的成本；

（3）起草合同支出的成本；

（4）合同条款谈判所支出的成本。

2. 事后交易成本

事后交易成本就是合同签订后的交易成本，主要包括：

（1）合同正常运行时的交易成本，具体包括：

①监督成本：为了防止交易各方出现机会主义行为而付出的监督成本；

②协调成本：为保证交易顺利进行对交易各方在交易过程中行为进行协调所需要花费成本；

③保证成本：为了确保交易方的相互信任而投入的成本；

④支持成本：为了确保交易各方对合同执行的控制能力需要诉诸第三方花费成本。

（2）当合同非正常运行时的交易成本主要包括：

①纠偏成本：在合同的执行过程中为了纠正发生的错误花费的成本；

②谈判成本：为了对合同交易各方的责任重新进行划分以及重新商定合同的价格等所花费的成本；

③第三方成本：当合同交易的各方的争议需要去诉诸第三方解决时所需要花费的交易费用；

④再签约成本：当合同终止后再找其他的交易对象对同一交易重新签订合同时所花费的成本。

上述交易成本的划分如图4-3所示。

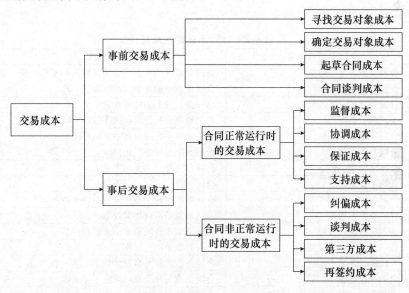

图4-3 交易成本的分类图

对于建设工程项目而言，寻找、确定交易对象的成本，起草合同以及对合同的条款进行谈判所花费的成本都可以归结到缔约成本。为防止机会主义行为而支付的监督成本，为了保证交易的顺利进行对各个交易方在交易过程中的行为进行协调花费的成本，为了确保交易方的相互信任而投入的成本，为了确保交易各方对合同执行的控制能力需要诉诸第三方花费的成本都是履约成本的组成内容。救济成本包括纠偏成本、谈判成本、第三方成本以及再签约成本。

因此，不完备工程合同的交易成本主要包括缔约成本、履约成本以及救济成本。缔约成本指的是合同各方当事人进行谈判并且达成意向所花费的费用。履约成本是指发包人和承包商在工程合同的实施过程中为实现各自的权利以及履行各自的义务所发生的费用。救济成本是指发包人或者承包商依法要求恢复自己原有合同的利益或者获得赔偿所支出的费用，包括协商、调解、仲裁等成本。

第二节　建设工程施工合同不完备性的表征

一、合同不完备性的表征概述

工程施工合同的不完备性是合同争端产生的原因，工程施工合同争端的产生是工程合同不完备性的现实表现，是衡量工程合同不完备性程度的有效因素。因而，建设工程施工合同不完备性是通过合同条款来表现的。工程合同中的主要条款可以分为质量条款、费用条款、工期条款、争议解决条款以及违约惩罚条款。常见的合同不完备性表征如表4-2所示。

表4-2　合同不完备性表征

序号	合同不完备性表征	解释
1	合同条款表述有歧义	合同条款对相关事项的描述用词不准确
2	合同条款规定与实际不符	合同条款中的规定与实际情况不符
3	合同条款的时效性较弱	合同条款规定的技术落后于最新技术
4	合同条款遗漏	相关事项未包含在合同条款中
5	合同条款语言模糊	相关事项在合同条款中未解释清楚
6	合同条款矛盾	合同条款的规定互相冲突
7	合同条款不一致	合同条款规定与实际不符
8	合同条款错误	合同条款规定与实际不符
9	合同条款规定不详尽	合同条款对相关事项规定不够全面
10	合同条款不规范	合同条款不符合相关规范
11	合同条款语言模糊	相关事项在合同条款中未解释清楚
12	合同条款可操作性差	合同条款的执行成本太高
13	合同条款描述不准确	合同条款对相关事项的规定不够确切
14	合同条款规定不明确	合同条款对相关事项规定不够具体
15	合同条款权利义务界定不明确	合同条款对权利和义务范围、界限划定不一致
16	合同条款不平等	合同条款赋予发包人过多的权力
17	合同条款文字不严谨	不严谨就是不准确，容易产生歧义和误解
18	合同条款遗漏	相关事项未包含在合同条款中

续表

序号	合同不完备性表征	解释
19	合同条款衔接不紧	合同条款没有很好的照应
20	合同条款逻辑关系不清	合同条款规定不一致
21	合同条款重复	合同条款对相关事项的规定有重复
22	合同条款可操作性差	合同条款的执行成本太高

由表 4-2 可以得出，人的有限理性和语言描述局限性使得合同条款无法在事前对将来所有可能要发生的事件毫无遗漏地做出规定，也不能用准确的语言对事件做出解释，从而导致合同条款遗漏和语言模糊。但是有时人们出于战略的考虑，为保证工程合同签订的高效性，有意识地不在合同条款中对某些事件做出规定并且使部分条款规定模糊。因此，合同条款遗漏和合同条款语言模糊分为客观合同条款遗漏、主观合同条款遗漏、客观合同条款语言模糊、主观合同条款语言模糊。主观合同条款语言模糊可以分为合同条款不明确和不详尽，客观的可以分为合同条款规定不清楚和用词不准确。

而合同条款不一致指的是前后条款规定矛盾，因此可以归结为合同条款矛盾；合同条款错误指的是条款规定的内容不符合实际情况，因此可以归结为合同条款规定与实际不符；合同条款规定不明确包括合同条款权利义务界定不明确；合同条款表述有歧义和合同条款文字不严谨都可以归结为合同条款用词不准确。

综上所述，施工合同不完备性的表征可以合并为以下十四个方面：客观合同条款遗漏、主观合同条款遗漏、合同条款矛盾、合同条款规定不明确、合同条款规定不详尽、合同条款重复、合同条款可操作性差、合同条款不平等、合同条款衔接不紧、合同条款不规范、合同条款时效性弱、合同条款规定与实际不符、合同条款规定不清楚以及合同条款用词不准确。对其进一步归纳，可以分为以下三个方面："合同价款构成有缺失"、"合同价款描述有歧义"以及"合同价款描述不完整"，具体如图 4-4 所示。

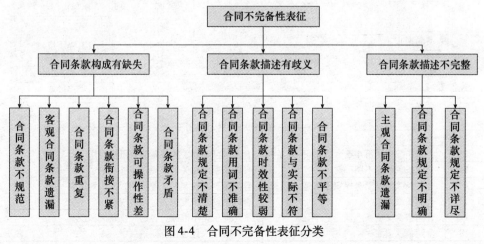

图 4-4　合同不完备性表征分类

二、合同不完备性与施工合同价款调整的关系

13 版《清单计价规范》将调整合同价款的若干事项大致分为五类：一是法律法规变化类；二是工程变更类，包括工程变更、项目特征不符、工程量清单缺项、工程量偏差、计日工；三是物价变化类，包括物价变化和暂估价；四是工程索赔类，包括不可抗力、提前竣工（赶工补偿）、误期赔偿和索赔；五是其他类，内容主要是现场签证以及发承包双方约定的其他调整事项。工程质量与工程造价是密切相关的，任何工程质量的变动都会给工程造价带来影响并造成变化，所以工程质量也是引起合同价款调整的重要事项之一。

由于合同签订时的当事人有限理性以及交易成本等要素的存在，使得工程合同签订时的不完备性成为一种常态。而"合同价款构成有缺失"、"合同价款描述有歧义"以及"合同价款描述不完整"等合同不完备性的表征均能够导致上述合同价款调整事项，其影响机理如图 4-5 所示。

基于上述分析可知，施工合同不完备性是施工合同价款调整的本质，其会导致各种调价事项的产生，而通过对调价事项的调整能够对合同的不完备性进行补偿。

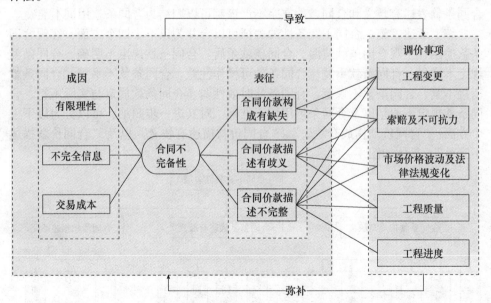

图 4-5　合同不完备性与施工合同价款的影响机理图

第五章 变更引起的施工合同价款调整

工程项目的复杂性决定发包人在招投标阶段所确定的方案往往存在某方面的不足。随着工程的进展和对工程本身认识的加深，以及其他外部因素的影响，常常在工程施工过程中需要对工程的范围、技术要求等进行修改，形成工程变更。13 版《清单计价规范》中将工程变更、项目特征不符、工程量清单缺项、工程量偏差和计日工归为工程变更类，其中工程变更规定了变更之后价款调整的方法，而项目特征不符、工程量清单缺项和工程量偏差则是工程变更的具体项目，而计日工可能是重新组价的依据之一。

第一节 工程变更的概述

一、工程变更的概念

工程变更是指合同工程实施过程中由承包人提出经发包人批准的合同工程任何一项工作的增、减、取消或施工工艺、顺序、时间的改变；设计图纸的修改；施工条件的改变；招标工程量清单的错、漏从而引起合同条件的改变或工程量的增减变化。

二、工程变更的分类

工程变更的范围很广，在我国通常按三种方式进行分类，如图 5-1 所示。

（一）按提出工程变更的各方当事人分类

1. 承包人变更

承包人鉴于现场情况的变化或出于施工便利，或受施工设备限制，遇到不能预见的地质条件或地下障碍，或为了节约工程成本和加快工程施工进度等原因，或由于自身的失误等原因，都会发生工程变更。

2. 发包人变更

在工程项目中，发包人往往对于项目的建设目标、功能、外观、造价、工期等方面进行调整或限定特殊要求，这些都会造成工程变更。一般来讲，发包人的变更集中在以下几个方面：

（1）改变建设目标、使用功能、外观等，例如：对于一个大型项目的某些

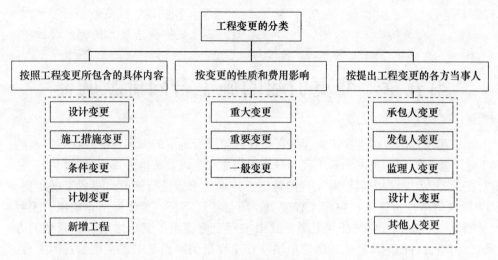

图 5-1　工程变更分类图

子项目的取消或增加，对于某个单体建筑功能的附加要求，对建筑外立面造型的改变等等，在我国的建设项目中十分普遍；

（2）对工期的限定。以新校区建设为例，受办学规律影响，多数高校都希望在开学前（每年的9月份）交工。对于大多数项目，由于早竣工，发包方可以早使用、早受益，所以绝大多数发包方会在合同中约定工期提前奖励与延后处罚条款；

（3）因发包人自身原因发生的变更，例如：甲供材料或设备的延误，未按期完成合同约定条款的行为，对指令的处理不及时或错误等。

3. 监理人变更

. 监理人根据施工现场的地形、地质、水文、材料、运距、施工条件、施工难易程度及临时发生的各种问题、各方面的原因，综合考虑认为需要的变更。

4. 设计人变更

设计人对原设计有新的考虑或为进一步完善设计等提出变更设计。主要有设计方案不合理、设计不符合相关标准规定、设计遗漏、计算和画图错误、各专业配合失误等原因引起。

5. 其他人变更

主要是当地政府和项目的受影响方提出一定要求而发生的变更。例如，政府对于特定时期（如举办奥运会、高考期间）或特定区域（如风景区）等对项目的临时要求采取相应的措施，还有项目周边的单位或个人如果受项目施工的影响（如噪声、粉尘等）等等，这些都会发生工程变更。

（二）按工程变更的性质和费用影响分类

1. 重大变更

指对工程项目的目标、范围、方案等方面进行改变的变更，对项目的投资、目标等影响重大，主要包括：修订建设目标、改变使用功能、改变技术标准和设计方案、工程结构型式的变更、位置的变更、重大防护设施及其他特殊设计的变更。

2. 重要变更

对工程项目的投资、工期等有一定影响的变更，不会实质性的影响项目实施目标。如标高、位置和尺寸变动等。

3. 一般变更

工程项目实施期间日常发生的变更，例如：原设计图纸中明显的差错、矛盾、遗漏；不降低原设计标准下的构件材料代换和因现场条件限制而必须立即决定的局部修改等。

（三）按照工程变更所包含的具体内容来分类

1. 设计变更

设计变更是指建设工程施工合同履约过程中由工程不同参与方提出最终由设计单位以设计变更或设计补充文件形式发出的工程变更指令。设计变更是工程变更的主体内容，常见的设计变更有：因设计计算错误或图示错误发出的设计变更通知书，因设计遗漏或设计深度不够而发出的设计补充通知书，以及应发包人、承包商或监理方请求对设计所作的优化调整等。

2. 施工措施变更

施工措施变更是指在施工过程中承包方因施工环境或施工条件的改变等因素影响，向监理工程师和发包人提出的改变原施工措施方案的过程，一般会引起索赔。施工措施方案的变更应经监理工程师和发包人审查同意后实施。重大施工措施方案的变更还应征得设计单位同意。在建设工程施工合同履约过程中施工措施变更存在于工程施工的全过程。

3. 条件变更

条件变更是指施工过程中，因发包人未能按合同约定提供必须的施工条件以及不可抗力发生导致工程无法按预定计划实施。如发包人承诺交付的工程后续施工图纸未到，致使工程中途停顿；发包人提供的施工临时用电因社会电网紧张而断电，导致施工生产无法正常进行；特大暴雨或山体滑坡导致工程停工。这类因发包人原因或不可抗力所发生的工程变更统称为条件变更。

4. 计划变更

计划变更是指施工过程中，发包人因上级指令、技术因素或经营需要调整原定施工进度计划，改变施工顺序和时间安排。如发包人要求部分房屋需提前竣工。

5. 新增工程

新增工程是指施工过程中，发包人扩大建设规模增加原招标工程量清单之外的建设内容。

三、工程变更的范围及变更权

（一）工程变更的范围

1. 13 版《清单计价规范》中的工程变更范围

根据 13 版《清单计价规范》的规定，属于工程变更的内容包括项目特征不符、工程量清单缺项和工程量偏差。

（1）项目特征不符。发包人在招标工程量清单中对项目特征的描述，应被认为是准确的和全面的，并且与实际施工要求相符合。承包人应按照发包人提供的设计图纸实施合同工程，若在合同履行期间出现设计图纸（含设计变更）与招标工程量清单任一项目的特征描述不符，且该变化引起该项目工程造价增减变化的，应按照实际施工的项目特征提出变更，并按照本章第二节的调价原则进行调价。项目特征描述不符的表现形式具体是指：

①项目特征描述不完全。项目特征描述不完全主要指对于《清单计价规范》中规定必须描述的内容展开了全面的描述。对其中任何一项必须描述的内容而没有进行描述时都将影响综合单价的确定。

②项目特征描述错误。工程量清单项目特征描述错误包括项目名称书写错误、规格尺寸以及计量单位错误等。如招标时，某现浇混凝土构建项目特征中描述混凝土强度等级为 C20，但施工图纸标注为混凝土强度等级为 C30，很明显，这时应该重新确定综合单价，因为 C20 和 C30 的混凝土，其价格是不一样的。

（2）工程量清单缺项。合同履行期间，由于招标工程量清单中缺项，新增分部分项工程量清单的项目可提出变更；新增分部分项清单项目后，引起措施项目发生变化的可以提出变更；由于招标工程量清单中措施项目缺项的，承包人可通过向发包人提交新增措施项目实施方案的方式提出变更。工程量清单缺项主要包括分部分项工程量清单项目缺项和措施项目缺项。导致工程量清单缺项的原因，一是设计变更；二是施工条件改变；三是工程量清单编制错误。

（3）工程量偏差。工程量偏差是指承包人按照合同工程的图纸（含经发包人批准由承包人提供的图纸）进行施工，按照现行国家计量规范规定的工程量计算规则，计算得到的完成合同工程项目应予计量的工程量与相应的招标工程量清单项目列出的工程量之间出现的量差。对于任意招标工程量清单项目，实际工程量与招标工程量清单工程量偏差超过 15% 的可以提出变更；因工程量偏差超过 15%，且该变化引起相关措施项目发生变化的，可以提出变更。

2. 13 版《示范文本》中的工程变更范围

根据 13 版《示范文本》的规定，除专用合同条款里有约定外，合同履行过程中发生以下情形的，应进行变更：

（1）增加或减少合同中任何工作，或追加额外的工作；

（2）取消合同中任何工作，但转由他人实施的工作除外；

（3）改变合同中任何工作的质量标准或其他特性；

（4）改变工程的基线、标高、位置和尺寸；

（5）改变工程的时间安排或实施顺序。

尽管从表述的内容上看，13版《清单计价规范》和13版《示范文本》对于工程变更的范围描述并不一致，但其实质是相同的，那是因为二者对工程变更的角度有所差异，13版《清单计价规范》侧重于量价的调整，而13版《示范文本》侧重于施工的过程。二者对工程变更的范围的规定其实质是一一对应，相互包含的，具体关系如图5-2所示：

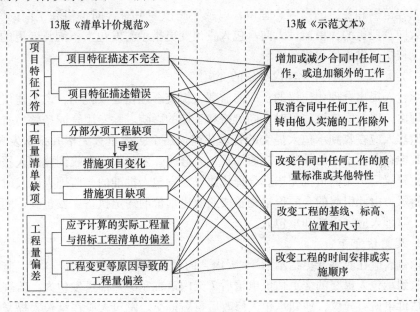

图5-2 工程变更范围对应关系图

（二）变更权

发包人和监理人均可以提出变更。变更指示均通过监理人发出，监理人发出变更指示前应征得发包人同意。承包人收到经发包人签认的变更指示后，方可实施变更。未经许可，承包人不得擅自对工程的任何部分进行变更。

涉及设计变更的，应由设计人提供变更后的图纸和说明。如变更超过原设计标准或批准的建设规模时，发包人应及时办理规划、设计变更等审批手续。

第二节　工程变更的程序及价款调整方法

一、工程变更的程序

1. 变更的提出

（1）发包人提出变更

发包人提出变更的，应通过监理人向承包人发出变更指示，变更指示应说明计划变更的工程范围和变更的内容。

（2）监理人提出变更建议

监理人提出变更建议的，需要向发包人以书面形式提出变更计划，说明计划变更工程范围和变更的内容、理由，以及实施该变更对合同价格和工期的影响。发包人同意变更的，由监理人向承包人发出变更指示。发包人不同意变更的，监理人无权擅自发出变更指示。

（3）承包人的合理化建议导致的变更

承包人提出合理化建议的，应向监理人提交合理化建议说明，说明建议的内容和理由，以及实施该建议对合同价格和工期的影响。除专用合同条款另有约定外，监理人应在收到承包人提交的合理化建议后7天内审查完毕并报送发包人，发现其中存在技术上的缺陷，应通知承包人修改。发包人应在收到监理人报送的合理化建议后7天内审批完毕。合理化建议经发包人批准的，监理人应及时发出变更指示，由此引起的合同价格调整按照变更估价的约定执行。发包人不同意变更的，监理人应书面通知承包人。

2. 变更估价

承包人应在收到变更指示后14天内，向监理人提交变更估价申请。监理人应在收到承包人提交的变更估价申请后7天内审查完毕并报送发包人，监理人对变更估价申请有异议，通知承包人修改后重新提交。发包人应在承包人提交变更估价申请后14天内审批完毕。发包人逾期未完成审批或未提出异议的，视为认可承包人提交的变更估价申请。

变更的提出、估价程序如图5-3所示。

二、工程变更的价款调整

（一）工程变更的价款调整原则

1. 分部分项工程费的调整原则

工程变更引起分部分项工程项目发生变化的，应按照下列规定调整：

（1）已标价工程量清单中有适用于变更工程项目的，采用该项目的单价；

72

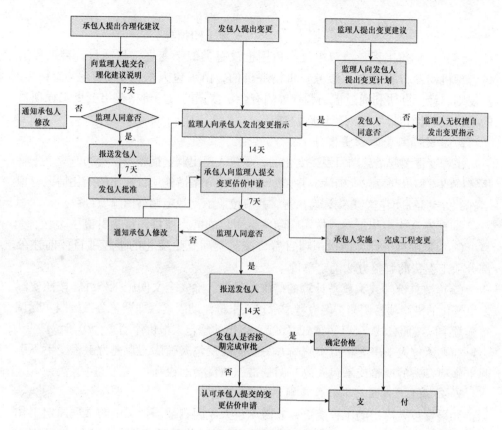

图 5-3 工程变更价款调整程序

但当工程变更导致的该清单项目的工程数量变化，且工程量偏差超过15%时，若工程量增加15%以上时，增加部分的工程量的综合单价应予以调低；若工程量减少15%以上时，减少剩余部分的工程量的综合单价应予以调高。

（2）已标价工程量清单中没有适用、但有类似于变更工程项目的，可在合理范围内参照类似项目的单价或总价调整。

（3）已标价工程量清单中没有适用也没有类似于变更工程项目的，由承包人根据变更工程资料、计量规则和计价办法、工程造价管理机构发布的信息（参考）价格和承包人报价浮动率，提出变更工程项目的单价或总价，报发包人确认后调整。承包人报价浮动率可按下列公式计算：

①实行招标的工程：

$$承包人报价浮动率 L = \left(1 - \frac{中标价}{招标控制价} \right) \times 100\% \qquad (5-1)$$

②不实行招标的工程：

73

$$承包人报价浮动率 L = \left(1 - \frac{报价值}{施工图预算}\right) \times 100\% \qquad (5\text{-}2)$$

（4）已标价工程量清单中没有适用也没有类似于变更工程项目，且工程造价管理机构发布的信息（参考）价格缺价的，由承包人根据变更工程资料、计量规则、计价办法和通过市场调查等的有合法依据的市场价格提出变更工程项目的单价或总价，报发包人确认后调整。

2. 措施项目费的调整原则

工程变更引起措施项目发生变化的，承包人提出调整措施项目费的，应事先将拟实施的方案提交发包人确认，并详细说明与原方案措施项目相比的变化情况。拟实施的方案经发承包双方确认后执行，并应按照下列规定调整措施项目费：

（1）安全文明施工费，按照实际发生变化的措施项目调整，不得浮动。

（2）采用单价计算的措施项目费，按照实际发生变化的措施项目按前述分部分项工程费的调整方法确定单价。

（3）按总价（或系数）计算的措施项目费，除安全文明施工费外，按照实际发生变化的措施项目调整，但应考虑承包人报价浮动因素，即调整金额按照实际调整金额乘以按照公式（5-1）或式（5-2）得出的承包人报价浮动率（L）计算。

如果承包人未事先将拟实施的方案提交给发包人确认，则视为工程变更不引起措施项目费的调整或承包人放弃调整措施项目费的权利。

3. 删减工程或工作的补偿原则

如果发包人提出的工程变更，非因承包人原因删减了合同中的某项原定工作或工程，致使承包人发生的费用或（和）得到的收益不能被包括在其他已支付或应支付的项目中，也未被包含在任何替代的工作或工程中，则承包人有权提出并得到合理的费用及利润补偿。

（二）工程变更价款调整中报价浮动率的确定

1. 报价浮动率的产生过程

报价浮动率的产生是为了防范承包人的不平衡报价。承包人往往会选择让利来降低投标报价，以此赢得中标。

从风险分担的角度看，承包人在中标时已承担了降低报价从而利润减少的风险。当此项工程项目进行变更后，形成合同中"没有适用也没有类似"综合单价的情况，便会形成新的工程变更项目综合单价，同时舍弃原综合单价的使用。这对承包人显然是有利的，因为承包人在投标过程中让自己承担了降低投标综合单价的风险，如果不发生工程变更，承包人在施工期间确定工程价款时，也应该按照原有投标综合单价结算，即继续承担降低投标综合单价的风险。但是在工程变更以后，重新确定工程变更项目综合单价，放弃原有综合单价，这也就意味着先放弃承包人承担的风险，也就是先放弃承包人承担的这一部分让利，当工程变更项目综合单价以定额和市场价确定，那么工程变更项目综合单价就会和招标控制价的确定方式一致，那么该部分工程变更的综合单价又变回为市场价或招标控制价，那么此时承包人便会真正不需要承担这一部分风险，即不需要进行让利，发包人会支付综合单价中让利的那部分，那么这部分风险就由承包人转移给了发包人。

此外，正常情况下承包人编制的投标报价中的综合单价会低于招标控制价中综合单价或者会低于以定额和市场价确定的综合单价，因为承包人实际购买和使用的材料价格往往会低于市场上的询价价格，因此当不发生工程变更时，按照原综合单价即正常报价结算，承包人将不会得到这一部分价差，可是当发生工程变更事件后，如果按照市场价格确定工程变更项目综合单价时，这一部分价差将会加入到工程变更项目综合单价中，发包人将会支付这一部分价差，从而发包人增加了更多的损失。这对发包人显然是不公平的，因为原来承包人承担的低报价的风险，通过工程变更，又转移给了发包人，此外发包人还要多承担市场询价和承包人实际购买这一部分价差，这一部分风险又转移给了发包人，让发包人承担，从而增加发包人费用，具体内容如图 5-4 所示。

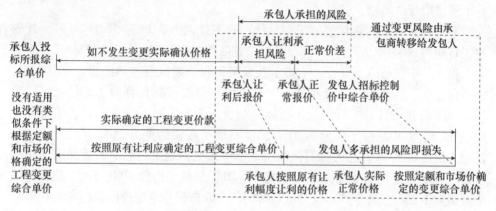

图 5-4　工程变更转移承包人承担单价风险示意

通过变更，由承包人承担的单价风险（让利）不合理地转移给了发包人，由发包人承担，这明显是不允许的。因此在工程变更项目综合单价中要把这一部分风险再次转移给承包人，由承包人承担该风险，从而形成合理的风险分担。从图 5-4 中可以看出，承包人投标时承担的风险是招标控制价与承包人让利后单价的价差，这包括两部分内容，分别是承包人承担的让利风险和正常价差的风险。承包人承担风险的幅度仅与招标控制价和承包人让利后单价这两者有关，因此可以根据这两者确定承包人的让利幅度，在以定额和市场价确定变更综合单价的基础上考虑进承包人的让利因素，这就能够让承包人仍继续承担其投标报价时确定的风险，从而形成合理的工程变更项目综合单价。承包人让利的幅度就是报价浮动率，也就是承包人在投标报价时为了中标而降低价格的幅度。

13 版《清单计价规范》中的报价浮动率就是基于以上条件产生的，并且《清单计价规范》中明确给出了报价浮动率的计算公式。当承包人的投标报价或中标价中存在不平衡报价的时候，由于不平衡报价的宗旨是在不改变总的投标报价的基础上通过改变综合单价使承包人获得更多收益，因此不平衡报价对承包人总的投标报价或中标价影响较少。因此报价浮动率公式可以合理地显示出承包人承担风险的大小，即承包人的让利水平，可以把承包人在投标时对工程项目承担的降价风险合理地转移到工程变更项目中，使工程变更项目也涉及到承包人的让利。

2. 报价浮动率存在问题及处理建议

（1）报价浮动率存在的问题

尽管 13 版《清单计价规范》中给出了报价浮动率的计算公式，但缺乏对计算公式的具体说明以及对其中中标价、招标控制价以及报价、施工图预算的范围界定，导致了报价浮动率在实践中出现了各种理解上的分歧和计算上的困难。本书选取某酒店精装修总承包项目为工程实例来讨论报价浮动率由于各类价款范围界定不清出现的问题。

案例背景：某酒店精装修工期目标：开工日期为 2011 年 10 月 20 日，计划竣工日期为 2013 年 9 月 30 日。项目总建筑面积 79094.83m²，本项目涉及多个专业工程，其中包括以下专业：给排水及采暖工程、通风及空调工程、电气工程、智能化工程、装修工程、专业分包工程。编制的投资总预算为 7.5 亿元，并于 2012 年 8 月正式进行公开招标，招标控制价为 7.5 亿元（专业工程暂估价共计 1.1 亿元），其中装修工程为 9700 万元（幕墙工程暂估价为 1800 万元）。另外，发包人预留了 5000 万元的暂列金额用于不可预见的施工内容。最后确定的中标单位（即承包商）的中标价为 7.35 亿元，其中装修工程为 8700 万元。建设过程中发生如下工程变更事件：公共区客房的门由原来的杉木带沙镶板门变为杉木带沙胶合板门。

根据以上案例给出的条件计算报价浮动率便能发现两个容易引起争议的问题：

①计算报价浮动率时招标控制价和中标价是以整个项目的总价还是以变更的单位工程总价为对象。在以上案例中招标控制价与中标价分别出现了两种价款。然而，对于招标控制价和中标价究竟应该用整个项目的总价即单项工程总价还是装修工程的单位工程总价并没有明确的规定可以参照，这很可能会导致最后的变更综合单价相差很大，造成发包人的损失。

②招标控制价中由招标人编制的暂列金额、专业工程暂估价是否应计入中标价和招标控制价中。根据其他项目费的编制要求，暂列金额一般可以分部分项工程费的 10% ~15% 为参考，专业工程暂估价应分不同专业按有关计价规定估算。

（2）标价浮动率存在问题的探讨

①对于以单位工程还是以整个项目为计算对象问题的探讨

以单位工程还是以整个项目为计算对象，可以通过分别计算进行讨论分析。同时，由于本部分主要讨论报价浮动率计算时各类价款总价的具体范围，故不对是否扣除暂列金额、专业工程暂估价进行讨论，为了计算简便，在计算时没有将暂列金额和暂估价剔除出去。

a. 以整个项目为对象。从以上案例中的变更事件来看，如果以整个项目为对象计算报价浮动率的话，根据总招标控制价为 7.5 亿元，中标价为 7.35 亿元，则承包人报价浮动率计算可得：

$$L_{依据单项工程总价} = \left(1 - \frac{中标价}{招标控制价}\right) \times 100\% = \left(1 - \frac{7.35}{7.5}\right) \times 100\% = 2\%$$

b. 以单位工程为对象。虽然该变更事件属于适用报价浮动率的变更项目范围之中，也就是虽然该变更事件在原合同中属于"没有适用也没有类似"变更项目，但仍然可以依据变更项目的性质确定该变更项目所属的专业工程，从而也可以以其所属的单位工程为对象。在以上案例中，可以得出公共区客房的门由原来的杉木带沙镶板门变为杉木带沙胶合板门这项变更事件属于装饰装修工程，因此，以装修工程单位工程为对象计算报价浮动率的话，则承包人报价浮动率计算可得：

$$L_{依据单位工程总价} = \left(1 - \frac{中标价}{招标控制价}\right) \times 100\% = \left(1 - \frac{0.87}{0.97}\right) \times 100\% = 10.31\%$$

对比两种不同选用总价范围得出不同计算的结果，可以发现 2% 与 10.31% 相差甚远。而报价浮动率的比率大小直接影响了"没有适用也没有类似"变更项目综合单价的高低。

分析上述计算过程可以发现：如果当某个工程有若干个"没有适用也没有类似"的变更工程需要重新组价时，如果采用的是单项工程总价，则在计算报价浮动率的时候较为简单，因为多个变更工程只需要使用一个报价浮动率，但是这并不能反映出各个变更项目实际的浮动情况。如果其中某个单位工程承包人在投标报价当初已经预见到该项目之后会发生变更而采用了不平衡报价，对于采用的是整个项目总价的报价浮动率计算可能会远低于其承包人投标时承诺的让利。例如以上案例，如果承包人在投标时就预见了案例中变更的发生而将装修工程的报价故意报低，则根据单项工程总价计算出的报价浮动率 2% 不能起到防范承包人不平衡报价的作用，这就与报价浮动率的初衷相悖了。

如果采用的是单位工程总价，虽然需要分别单独计算各个单位工程的报价浮动率，使得在合同价款调整方面增加许多繁琐工作，但是较用单项总价来说更具有针对性，更为符合发承包双方当初订立合同时公平合理，责、权、利平衡的原则，计算得出的报价浮动率也更为准确，在发包人规避由于变更引起的价差风险的转移方面应该更为有效。以上案例中，对比单项工程总价计算得来的2%，装修工程的单位工程总价计算得出的10.31%的调整显然更能让承包人的施工水平与当初投标报价时的水平保持一致。并且，清单计价的基本对象单项工程总价也是由单位工程总价汇总而来，即单位工程总价是计算单项工程总价的基础。"没有适用也没有类似"单项工程变更可以依据13版《清单计价规范》的规定根据不同专业工程划分成各个单位工程分别进行考虑，如以上案例发生了多项变更，也可以根据其专业不同将其分为装修工程、机电工程、消防工程等多项单位工程，再根据不同单位工程在中标价和招标控制价对应的价款计算各自的报价浮动率。

综上所述，在计算报价浮动率时应以单位工程为对象计算；如果发生是某单项工程的变更，则根据13版《清单计价规范》中不同专业工程的划分将该单项工程拆分成多个单位工程分别计算其各自的报价浮动率。

②对于是否包含暂列金额、专业工程暂估价问题的探讨

是否包含暂列金额、专业工程暂估价的问题应分别计算进行讨论分析。同时，由于本部分主要讨论暂列金额、专业工程暂估价的问题，故不对报价浮动率计算时各类价款总价的具体范围问题进行讨论，同时由于案例具体内容限制，在计算时仅对工程总价进行了计算。

a. 包含暂列金额、专业工程暂估价。以上案例中的变更事件如果在中标价、招标控制价包含暂列金额、专业工程暂估价的情况下，计算可得报价浮动率：

$$L_{包含暂列金额、专业工程暂估价} = \left(1 - \frac{中标价}{招标控制价}\right) \times 100\%$$

$$= \left(1 - \frac{0.87}{0.97}\right) \times 100\% = 10.31\%$$

b. 扣除暂列金额、专业工程暂估价。由于上文得出的结论为计算报价浮动率时应以单位工程总价为对象，因此在计算扣除暂列金额、专业工程暂估价的报价浮动率时也应参照的是该单位工程下的暂列金额与专业工程暂估价。以上案例中装修工程下的专业工程暂估价只包含幕墙工程一项，即为1800万元；而暂列金额给出的是整个项目的暂列金额，因此根据装修工程所占比例计算得该单位工程下暂列金额为：

$$装修工程暂列金额 = 单项工程暂列金额 \times \frac{招标控制价_{(装修工程)}}{招标控制价_{(单项工程总价)}}$$

$$= 0.5 \times \frac{0.97}{7.5} = 0.06$$

因此，本案例中的变更事件如果中标价、招标控制价不包含暂列金额、专业

工程暂估价，则报价浮动率计算可得：

$$L_{\text{扣除暂列金额、专业工程暂估价}} = \left(1 - \frac{\text{中标价}}{\text{招标控制价}}\right) \times 100\%$$

$$= \left(1 - \frac{0.87 - 0.18 - 0.06}{0.97 - 0.18 - 0.06}\right) \times 100\% = 13.70\%$$

对比两种情况下报价浮动率的计算结果，发现 10.31% 与 13.70% 的差距虽然不大，但如果变更合同价款的基数很大的话也会造成较大的差异。13 版《清单计价规范》未提及中标价和招标控制价是否扣减暂列金额、专业工程暂估价，但从风险分担的角度考虑，对于暂列金额和专业工程暂估价承包人在投标时应按照招标工程量清单列出的金额直接填写，并未做出这部分的让利，即并没有承担让利的风险，因此不应作为报价浮动率计算的范围，应予以扣除。

三、案例分析

（一）案例背景

某电厂进行"上大压小"扩建工程，发包人为某电力咨询公司与某电力设计院组成的联合体，承包人为某电力建设公司。在施工过程中，和厂区道路部分有几处垂直交叉的地方，称为"过马路段"，"过马路段"的道路管道总长 40m。

在招标阶段，发包人在清单项目特征描述中规定厂区道路上行驶的多为载重汽车，因此在"过马路段"要求回填中粗砂，以缓冲上面传来的动荷载，长度约为 40m，其余部分回填土（夯填），长度约为 221m。并且签订合同后合同附件中工程量清单也有此规定。因此，在投标报价阶段，为了能够中标，承包人就对中粗砂的价格报的相对较低，同时为了竣工结算时获得更多的收益提高了夯填土的报价。中粗砂比回填土报价每立方米多 70 元。

但在实际施工中，考虑到工程性质以及工程周围环境，同时考虑到靠近长江，取河沙比异地取土方便且质量更好，因此发包人最终决定所有管道回填全用中粗砂，最终中粗砂回填工程量增加了 3 万 m³。

竣工结算时，发承包双方就是否重新组价的问题产生了纠纷。

发包人认为在清单中存在 3 万 m³ 的清单项目，工程量没有发生变化，并且在清单中存在中粗砂的报价，应直接进行套用。最终给承包商补价差 210 万元。价差的计算：70 × 30000 = 210 万元。

承包人认为由于变更后增加的工程量太大，远远超过了 15%，并且在施工期间，中粗砂的价格有所涨幅，想重新组价，在原中粗砂报价基础上每立方米增加 37 元，最终发包人给承包商补价差 320 万元。价差的计算 (70 + 37) × 30000 = 320 万元

（二）争议焦点

此项由回填土变为回填中粗砂的变更，是否导致了工程量发生了变化，也就

是说变更项目的工程量是与本身的清单项目的工程量相比较还是与套用子目的工程量清单相比较。

（三）争议解决

1. 解决结果

在本案例中，发包人认为 3 万 m^3 的工程量本身就属于原清单项目，不是增加的工程量，所以工程量并没有增加，并且清单中存在适用子目，所以应该套用原中粗砂的报价，而承包人认为 3 万 m^3 的工程量相对于清单项目中中粗砂子目的工程量是属于工程量增加 15% 以上的情形，应进行综合单价的调整，应在原报价基础上增加 37 元。

根据 13 版《清单计价规范》的规定以及本案例的实际背景，可以认为发包人的说法是正确的。因为发包人的此项变更只是将原清单项目中 3 万 m^3 的原回填土部分换为回填砂，并未改变原清单项目工程量，并且回填砂在清单中有相应的综合单价，所以应该直接套用。此案还值得注意的是，即使承包人的说法是正确的，其计算也存在问题，根据 13 版《清单计价规范》调整新单价部分只是超过工程量 15% 的部分，在 15% 以内的部分仍应套用原中粗砂单价，并且超过部分的综合单价是调低的。

2. 解决依据

（1）依据 13 版《清单计价规范》第 9.3.1 条规定：已标价工程量清单中有适用于变更工程项目的，采用该项目的单价；但当工程变更导致该清单项目的工程数量发生变化，且工程量偏差超过 15%，此时，该项目单价应按照本规范9.6.2 条的规定调整。

（2）依据 13 版《清单计价规范》第 9.6.2 条规定的调整原则为：当工程量增加 15% 以上时，其增加部分的工程量的综合单价应予以调低；当工程量减少15% 以上时，减少后剩余部分的工程量的综合单价应予调高。

第三节　计日工

在 13 版《清单计价规范》中变更类事件分为三类，有适用于变更工程项目的、没有适用但是有类似变更工程项目的以及没有适用也没有类似变更工程项目的。在既没有适用也没有类似的情况下，重新组价时计日工便是重新组价的依据之一，因此 13 版《清单计价规范》中把计日工也作为变更类之一。

一、计日工的概念

计日工是来自于国外的工程做法。国际上常见的标准合同条款中，大多数都设立了计日工计价机制，如 1999 版 FIDIC《施工合同条件》新红皮书规定"对于一些小的或附带性的工作，工程师可指示按计日工作实施变更"。国内第一次出现计日工的术语是在 07 版《标准施工招标文件》中，随着使用的不断推广，计日工逐渐进入工程量清单计价模式中，对其概念也越来越规范。其具体发展过程如图 5-5 所示。

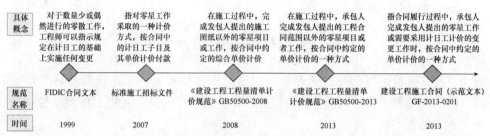

具体概念	对于数量少或偶然进行的零散工作，工程师可以指示规定在计日工的基础上实施任何变更	指对零星工作采取的一种计价方式，按合同中的计日工子目及其单价计价付款	在施工过程中，完成发包人提出的施工图纸以外的零星项目或工作，按合同约定的综合单价计价	在施工过程中，承包人完成发包人提出的工程合同范围以外的零星项目或者工作，按合同约定的单价计价的一种方式	指合同履行过程中，承包人完成发包人提出的零星工作或需要采用计日工计价的变更工作时，按合同约定的单价计价的一种方式
规范名称	FIDIC合同文本	标准施工招标文件	《建设工程工程量清单计价规范》GB50500-2008	《建设工程工程量清单计价规范》GB50500-2013	建设工程施工合同（示范文本）GF-2013-0201
时间	1999	2007	2008	2013	2013

图 5-5　计日工发展过程

根据以上对比可以看出，对计日工的概念界定，计日工是约定工作范围之外的零星工作，并且增加的工作不改变工程实体的内容。计日工是以工作日为单位计算报酬的，它的支付方式相比于一般工作的支付方式更体现出支付的灵活性和现实性，保护了承包人对在工程量清单中未包括的附加工程的费用支付，同时给了招标人针对零星工程支付的依据以及控制零星支出的手段。

二、计日工计价方式结算的范围

13 版《清单计价规范》中对计日工的使用范围的描述主要在于三个要点：发包人提出、工程合同范围以外、零星项目或工作。首先使用计日工计价方式必须是发包人提出或者经发包人同意的，承包人不可私自使用计日工计价方式。其次对于工程合同以内的项目都可以使用投标报价的价格结算，只有当工程合同内没有相同项目的价格时才能使用计日工计价方式。最后对计日工使用范围界定于零星项目或工作，这样可以看出 13 版《清单计价规范》对计日工的使用数量也有一定的限制。这是因为计日工的单价较高，数量不确定，过多地使用计日工计价方式会导致工程预算超出控制范围。计日工作为暂列金额的一项内容，暂列金额的价款一般可以按照合同价款的一定比例计取，一般取合同价款的 3% 到 5%。虽然 13 版《清单计价规范》对计日工的使用范围描述的简单明确，但是并不详实。计日工计价方式的范围分为以下几类：

（1）工程合同外的可能因工程变更产生的额外工作，工程量清单中没有可以使用的项目，工程量清单中没有合适的单价或类似的单价。

（2）招投标是难以预计或无法规范计量，但在工程施工过程中随时可能发生的零星工作。

（3）为使主体工程顺利进行，必须完成的规模小的、临时性的辅助性工作或零星工作。

（4）索赔，增加工作内容的人工费、停工损失费和工作效率降低的损失费等累计，其中增加工作内容的人工费应按照计日工费计算。

三、计日工报表的内容

需要采用计日工方式的，经发包人同意后，由监理人通知承包人以计日工计价方式实施相应的工作，其价款按列入已标价工程量清单或预算书中的计日工计价项目及其单价进行计算；已标价工程量清单或预算书中无相应的计日工单价的，按照合理的成本与利润构成的原则，由合同当事人确定变更工作的单价。计日工表详见表5-1。

表5-1　计日工表

工程名称：　　　　　　　　　标段：　　　　　　　　第　页　共　页

编号	项目名称	单位	暂定数量	实际数量	综合单价（元）	合价（元）	
						暂定	实际
一	人　工						
1							
2							
3							
4							
人工小计							
二	材　料						
1							
2							
3							
4							
5							
6							
材料小计							
三	施工机械						
1							
2							
3							
4							
施工机械小计							
四、企业管理费和利润							
总计							

采用计日工计价的任何一项工作，承包人应在该项工作实施过程中，每天提交以下报表和有关凭证报送监理人审查：

（1）工作名称、内容和数量；

（2）投入该工作的所有人员的姓名、专业、工种、级别和耗用工时；

（3）投入该工作的材料类别和数量；

（4）投入该工作的施工设备型号、台数和耗用台时；

（5）监理人要求提交的其他有关资料和凭证。

四、计日工费用的确定

计日工是指对零星项目或工作采取的一种计价方式，包括完成该项作业的人工、材料、施工机械台班。计日工的单价由投标人通过投标报价确定，计日工的数量按完成发包人发出的计日工指令的数量确定。

（一）计日工单价的确定

（1）计日工人工单价的确定。人工单价应当包括工人工资、交通费用、各种补贴、劳动安全保护、社保费用、手提手动和电动工器具、施工场地内已经搭设的脚手架、水电和低值易耗品费用、现场管理费用、企业管理费和利润。人工单价是由政府指导定价，其主要的定价方式主要有三种：参考市价价格信息、定额计价和综合两种方法进行定价。其次，计日工单价还要考虑到一定的风险系数以及加上一定的加班费。

（2）计日工材料单价的确定。材料价格包括材料运到现场的价格以及现场搬运、仓储、二次搬运、损耗、保险、企业管理费和利润。计日工材料与一般的材料价格不同，计日工中材料单价是综合单价，包括企业管理费和利润，而进入分部分项工程费用的材料价格是指从材料来源地到达施工工地仓库后的出库价格，且不包括施工现场的二次搬运费。

材料价格应是工程造价管理机构通过工程造价信息发布的材料单价，工程造价信息未发布材料单价的材料，其价格应通过市场调查确定。因此，材料价格的确定可以分为两个部分，第一部分是查询工程造价管理机构发布的工程造价信息；第二部分是工程造价信息没有发布的材料价格，这部分材料的价格需要通过询价的方式确定。只是在此基础上要加上零星材料的二次搬运费等。

（3）计日工机械台班单价的确定。计日工中的施工机械限于在施工场地（现场）的机械设备，其价格包括租赁或折旧、维修、维护和燃油等消耗品以及操作人员费用，包括承包人企业管理费和利润，但不包括规费和税金。和材料单价一致，机械台班单价也是其综合单价，在机械台班基价的基础上加上管理费和利润。

根据计日工机械台班单价的组成可知，计日工机械台班单价的计算首先是确定于一般机械台班单价，然后在其基础上加上承包人的企业管理费和利润。

（二）计日工暂定数量的确定

计日工数量确定的主要影响因素有：工程的复杂程度、工程设计质量及设计深度等。一般而言，工程较复杂、设计质量较低、设计深度不够（如招标时未完成施工图设计），则计日工所包括的人工、材料、施工机械等暂定数量应较多，反之则少。计日工的数量很难事先确定，因此一般都是根据经验进行主观的判断。其主要方法有：

（1）经验法。即通过委托专业咨询机构，凭借其专业技术能力与相关数据资料预估计日工的劳务、材料、施工机械等使用数量。

（2）百分比法。即首先对分部分项工程的工料机进行分析，得出其相应的消耗量；其次，以工料机消耗量为基准按一定百分比取定计日工劳务、材料与施工机械的暂定数量。如一般工程的计日工劳务暂定数量可取分部分项人工消耗总量的1%。最后，按照招标工程的实际情况，对上述百分比取值进行一定的调整。

五、计日工的确认程序

（1）计日工生效计价的原则。任一计日工项目持续进行时，承包人应在该项工作实施结束后的 24 小时内，向发包人提交有计日工记录汇总的现场签证报告一式三份。发包人在收到承包人提交现场签证报告后的 2 天内予以确认并将其中一份返还给承包人，作为计日工计价和支付的依据。发包人逾期未确认也未提出修改意见的，视为承包人提交的现场签证报告已被发包人认可。

（2）计日工计价的原则。任一计日工项目实施结束。承包人应按照确认的计日工现场签证报告核实该类项目的工程数量，并根据核实的工程数量和承包人已标价工程量清单中的计日工单价计算，提出应付价款；已标价工程量清单中没有该类计日工单价的，由发承包双方按 13 版《清单计价规范》中工程变更条款的有关规定商定计日工单价计算。

（3）计日工价款的支付原则。每个支付期末，承包人应于进度款同期向发包人提交本期间所有计日工记录的签证汇总表，以说明本期间自己认为有权得到的计日工金额，调整合同价款，列入进度款支付。

计日工计价程序如图 5-6 所示。

发包人在审查确认承包人提交的计日工的现场签证时，必须实事求是、公正合理，为此要求发包人也要认真、仔细做好计日工的使用记录，计日工的单价由发承包双方按工程变更的有关的规定商定计日工单价计算。

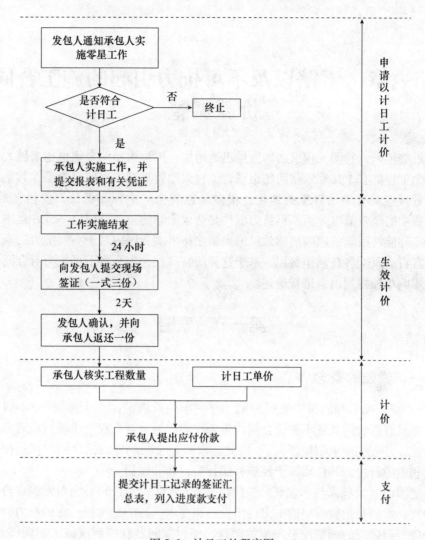

图 5-6　计日工的程序图

第六章　索赔以及不可抗力引起的施工合同价款调整

近些年来，我国工程索赔的数量迅速增加，工程索赔的金额也越来越大，几乎每个工程都有十几项索赔问题出现，工程索赔管理在工程项目管理尤其是工程合同管理中具有举足轻重的地位。很多承包商把"中标靠低价，盈利靠索赔"作为成功的经营策略。而不可抗力事件是造成索赔的重要原因之一，并且不可抗力是一种能够引起一定的法律效果的民事法律事实，国内对于不可抗力的承担原则是各自的风险各自承担费用，基于这样的特殊性，本章将不可抗力对合同价款调整影响单独提列出来进行论述。

第一节　索赔

一、索赔的概念

《中华人民共和国民法通则》第一百一十一条规定："当事人一方不履行合同义务或履行合同义务不符合合同约定条件的，另一方有权要求履行或者采取补救措施，并有权要求赔偿损失。"因此，索赔是合同双方依据合同约定维护自身合法利益的行为，其性质属于经济补偿行为，而非惩罚。

美国的《发包人与承包商标准协议书》（简称 AIA 合同）中对索赔进行了如下定义：索赔是指数方中的一方提出投诉和要求，目的是维护一定的权力，使合同条件得到合理的调整或进一步的解释，使付款问题获得解决或工期能够延长，或者使合同的其他条款争议得到裁决。

在工程中，索赔是指在工程合同履行过程中，合同一方当事人因对方不履行或未能正确履行合同义务或者由于其他非自身原因而遭受经济损失或权利损害，通过合同约定的程序向对方提出经济和（或）时间补偿要求的行为。也就是说，在建设工程施工中的索赔是发承包双方行使正当权利的行为，发包人可以向承包人提出索赔，承包人也可以向发包人提出索赔。当一方向另一方提出索赔要求，被索赔方应采取适当的反驳、应对和防范措施，这称为反索赔。索赔事件发生后，在造成费用损失的同时往往也会引起工期的变动。当承包人的费用索赔与工期索赔要求相关联时，发包人在做出费用索赔的批准决定时，应结合工程延期综合做出费用赔偿与工程延期的决定。

二、索赔的分类

对工程索赔进行分类可以明确索赔工作的任务和方向，有效指导索赔工作的任务和开展。索赔从不同的角度，根据不同的标准，可以进行不同的分类。

（一）按索赔的目的分类

1. 工期索赔

工期索赔一般是指承包人依据合同约定，对于非因自身原因导致的工期延误向发包人提出工期顺延的要求。工期顺延的要求获得批准后，不仅可以免除承包人承担拖期违约赔偿金的责任，而且承包人还有可能因工期提前获得赶工补偿（或奖励）。

2. 费用索赔

费用索赔在此是一个广义的概念，包括成本的支出和利润，亦可以称为经济索赔。费用索赔的目的是要求补偿承包人（或发包人）的经济损失，费用索赔的要求如果获得批准，必然会引起合同价款的调整。

（二）按索赔事件性质分类

1. 工程延误索赔

因发包人未按合同要求提供施工条件，或因发包人指令工程暂停或不可抗力事件等原因造成工期拖延的，承包人可以向发包人提出索赔；如果由于承包人原因导致工期拖延，发包人可以向承包人提出索赔。

2. 加速施工索赔

由于发包人指令承包人加快施工速度，缩短工期，引起承包人的人力、物力、财力的额外开支，承包人可以提出的索赔。

3. 工程变更索赔

由于发包人指令增加或减少工程量或增加附加工程、修改设计、变更工程顺序等，造成工期延长和（或）费用增加，承包人可就此提出索赔。

4. 合同终止的索赔

由于发包人违约或发生不可抗力事件等原因造成合同非正常终止，承包人因其遭受经济损失而提出索赔。如果由于承包人的原因导致合同非正常终止，或者合同无法继续履行，发包人可以就此提出索赔。

5. 不可预见的不利条件索赔

承包人在工程施工期间，施工现场遇到一个有经验的承包人通常不能合理预见的不利施工条件或外界障碍，例如地质条件与发包人提供的资料不符，出现不可预见的地下水、地质断层、溶洞、地下障碍物等，承包人可以就因此遭受的损失提出索赔。

6. 不可抗力事件的索赔

工程施工期间，因不可抗力事件的发生而遭受损失的一方，可以根据合同中对不可抗力风险分担的约定，向对方当事人提出索赔。

7. 其他索赔

如因货币贬值、汇率变化、物价上涨、政策法令变化等原因引起的索赔。

（三）按索赔的当事人分类

1. 承包人与发包人之间的索赔

该类索赔发生在建设工程施工合同的双方当事人之间，既包括承包人向发包人的索赔，也包括发包人向承包人的索赔。但是在工程实践中，经常发生的索赔事件，大都是承包人向发包人提出的，教材中所提及的索赔，如果未作特别说明，即是指此类情形。

2. 总承包人和分包人之间的索赔

在建设工程分包合同履行过程中，索赔事件发生后，无论是发包人的原因还是总承包人的原因所致，分包人都只能向总承包人提出索赔要求，而不能直接向发包人提出。

3. 承包人与供货商之间的索赔

承包商在中标之后，根据合同规定向设备制造厂家或材料供应商询价订货，签订供货合同。供货合同一般规定供货商提供的设备型号、数量、质量标准和供货时间等具体要求。如果供货商违反供货合同的规定使承包商受到经济损失，承包商有权向供货商提出索赔，反之亦然。

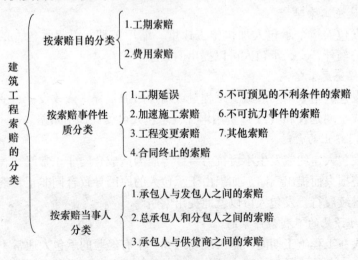

图 6-1　建筑工程索赔的分类图

三、索赔的条件

工程的索赔并不是随便就可以提出的，"……当合同一方向另一方提出索赔时，应有正当的索赔理由和有效证据，并应符合合同的相关约定……"，"……发承包双方在按合同约定办理了竣工结算后，应被认为承包人已无权再提出竣工结算前所发生的任何索赔。承包人在提交的最终结清的申请中，只限于提出竣工结算后的索赔，提出的索赔期限应自发承包双方最终结清时为止……"。总体来说，索赔需要三要素即正当的索赔理由、有效的索赔证据、在合同约定的时间内提出。

（一）对索赔证据的要求

（1）真实性。索赔依据必须是在实施合同过程中确定存在和发生的，必须完全反映实际情况，能经得起推敲。

（2）全面性。索赔依据应能说明事件的全过程。索赔报告中涉及的索赔理由、事件过程、影响、索赔数额等都应有相应依据，不能零乱和支离破碎。

（3）关联性。索赔依据应当能够相互说明，相互具有关联性，不能互相矛盾。

（4）及时性。索赔依据的取得及提出应当及时，符合合同约定。

（5）具有法律证明效力。索赔依据必须是书面文件，有关记录、协议、纪要必须是双方签署的；工程中重大事件、特殊情况的记录、统计必须由合同约定的监理人签证认可。

（二）索赔证据的种类

（1）招标文件、工程合同、发包人认可的施工组织设计、工程图纸、技术规范等。

（2）工程各项有关的设计交底记录、变更图纸、变更施工指令等。

（3）工程各项经发包人或监理人签认的签证。

（4）工程各项往来信件、指令、信函、通知、答复等。

（5）工程各项会议纪要。

（6）施工计划及现场实施情况记录。

（7）施工日报及工长工作日志、备忘录。

（8）工程送电、送水、道路开通、封闭的日期及数量记录。

（9）工程停电、停水和干扰事件影响的日期及恢复施工的日期记录。

（10）工程预付款、进度款拨付的数额及日期记录。

（11）工程图纸、图纸变更、交底记录的送达份数及日期记录。

（12）工程有关施工部位的照片及录像等。

（13）工程现场气候记录，如有关天气的温度、风力、雨雪等。

（14）工程验收报告及各项技术鉴定报告等。

（15）工程材料采购、订货、运输、进场、验收、使用等方面的凭据。

（16）国家和省级或行业建设主管部门有关影响工程造价、工期的文件、规定等。

四、索赔的内容

发承包双方应在合同中约定可以索赔的事项以及索赔的内容，13 版《清单计价规范》中约定了发承包双方可索赔的内容。

（一）承包人可以索赔的内容

承包人要求赔偿时，可以选择下列一项或几项方式获得的赔偿：

（1）延长工期；

（2）要求发包人支付实际发生的额外费用；

（3）要求发包人支付合理的预期利润；

（4）要求发包人按合同的约定支付违约金。

（二）发包人可以索赔的内容

发包人要求赔偿时，可以选择下列一项或几项方式获得赔偿：

（1）延长质量缺陷修复期限；

（2）要求承包人支付实际发生的额外费用；

（3）要求承包人按合同的约定支付违约金。

表 6-1　13 版《建设工程施工合同（示范文本）》中承包人可索赔的事件及可补偿内容

序号	条款号	索赔事件	可补偿内容		
			工期	费用	利润
1	1.7.3	拒绝签收送达至送达地点和指定接收人的信函	√	√	
2	1.9	在施工现场发掘文物、古迹	√	√	
3	1.10.2	场外交通设施无法满足工程施工需要		√	
4	2.1	因发包人原因未能及时办理法律规定的有关施工的许可、批准或备案	√	√	√
5	2.4.4	因发包人原因未能按合同约定及时提供施工现场、施工条件和基础资料	√	√	
6	4.3	监理人未能按合同约定发出指示、指示延误或发出错误指示	√	√	
7	5.1.2	因发包人原因造成工程质量未达到合同约定标准	√	√	√
8	5.2.3	监理人的检查和检验影响正常施工，经检查检验合格	√	√	
9	5.3.3	对已覆盖的隐蔽工程进行钻孔探测或揭开重新检查，经检查证明工程质量符合合同要求的	√	√	√

续表

序号	条款号	索赔事件	可补偿内容		
			工期	费用	利润
10	5.4.2	因发包人原因造成工程不合格的	√	√	√
11	7.3.2	除专用合同条款另有约定外，因发包人原因造成监理人未能在计划开工日期之日起90天内发出开工通知	√	√	√
12	7.5.1	发包人未能按合同约定提供图纸或所提供图纸不符合合同约定，提供施工现场、施工条件、基础资料、许可、批准等开工条件的，计划开工日期之日起7天内同意下达开工通知的，按合同约定日期支付工程预付款、进度款或竣工结算款的，发包人提供的测量基准点、基准线和水准点及其书面资料存在错误或疏漏，监理人未按合同约定发出指示、批准等文件的，专用合同条款中约定的其他情形	√	√	√
13	7.6	施工过程中遇到不利物质条件，构成变更的	√	√	
14	7.7	施工过程中遇到异常恶劣的气候条件但未构成不可抗力，构成变更的	√	√	
15	7.8.1	因发包人原因引起的暂停施工	√	√	√
16	8.5.3	发包人提供的材料或工程设备不符合合同要求	√	√	√
17	9.3.3	监理人对承包人的材料、工程设备和工程的试验和检验结果有异议，经重新试验检验后符合合同要求		√	
18	10.7.3	因发包人原因导致暂估价合同订立和履行延迟	√	√	√
19	11.2	基准日期后，法律变化导致承包人在履行合同过程所需费用增加或工期延误	√	√	
20	13.3.1	监理人不能按时参加试车导致工期延误	√		
21	13.3.2	因设计原因导致试车达不到验收要求	√	√	
22	13.3.3	非因承包人原因导致投料试车不合格，发包人要求承包人整改	√	√	
23	13.4.2	发包人要求在工程竣工前交付单位工程	√	√	√
24	15.4.2	保修期内，因发包人使用不当造成工程的缺陷、损坏，可以委托承包人修复；因其他原因造成工程的缺陷、损坏，可以委托承包人修复		√	√
25	15.4.4	修复范围超出缺陷或损坏范围的		√	
26	16.1.2	发包人违约	√	√	√
27	16.1.3	发包人在承包人约定施工满28天后仍不纠正违约行为并致使合同目的不能实现		√	√

续表

序号	条款号	索赔事件	可补偿内容		
			工期	费用	利润
28	17.3.2	因不可抗力影响承包人履行合同约定的义务，引起或将引起工程延误；因不可抗力导致工期延误，发包人要求赶工；承包人在停工期间按发包人要求照管、清理和修复工程	√	√	

五、索赔的程序

13 版《建设工程施工合同（示范文本）》对发承包双方的索赔及处理做了如下规定。

（一）承包人索赔

1. 承包人索赔的程序

根据合同约定，承包人认为有权得到追加付款和（或）延长工期的，应按以下程序向发包人提出索赔：

（1）承包人应在知道或应当知道索赔事件发生后 28 天内，向监理人递交索赔意向通知书，并说明发生索赔事件的事由；承包人未在前述 28 天内发出索赔意向通知书的，丧失要求追加付款和（或）延长工期的权利；

（2）承包人应在发出索赔意向通知书后 28 天内，向监理人正式递交索赔报告；索赔报告应详细说明索赔理由以及要求追加的付款金额和（或）延长的工期，并附必要的记录和证明材料；

（3）索赔事件具有持续影响的，承包人应按合理时间间隔继续递交延续索赔通知，说明持续影响的实际情况和记录，列出累计的追加付款金额和（或）工期延长天数；

（4）在索赔事件影响结束后 28 天内，承包人应向监理人递交最终索赔报告，说明最终要求索赔的追加付款金额和（或）延长的工期，并附必要的记录和证明材料。

2. 对承包人索赔事件的处理

（1）监理人应在收到索赔报告后 14 天内完成审查并报送发包人。监理人对索赔报告存在异议的，有权要求承包人提交全部原始记录副本；

（2）发包人应在监理人收到索赔报告或有关索赔的进一步证明材料后的 28 天内，由监理人向承包人出具经发包人签认的索赔处理结果。发包人逾期答复的，则视为认可承包人的索赔要求；

（3）承包人接受索赔处理结果的，索赔款项在当期进度款中进行支付；承包人不接受索赔处理结果的，按照第 20 条"争议解决"约定处理。

承包人索赔程序及处理如图6-2所示。

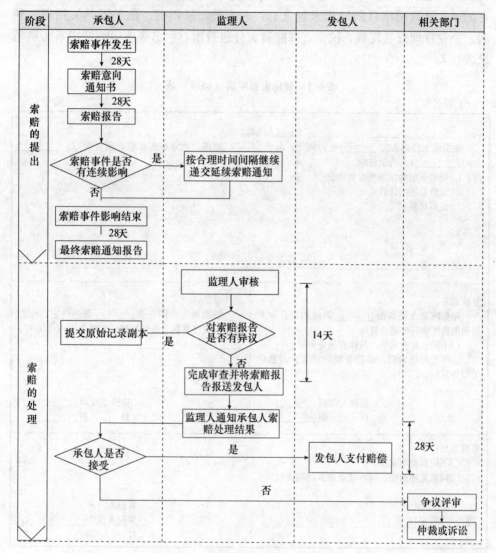

图6-2 承包人索赔程序及处理图

六、费用索赔

（一）承包人索赔费用的构成

按照住房和成分建设部、财政部《关于印发＜建筑安装工程费用项目组成＞的通知》（建标［2013］44号），建筑安装工程造价构成要素划分包括人工费、材料费、施工机具使用费、利润、规费、税金，索赔也可沿用建筑安装工程造价构成来确定索赔值，并且根据引起的原因不同，索赔费用构成也不尽一致。把所有的可索赔费用项目归纳起来包含有：人工费、材料费、施工机具使用费、利润、企业管理费、规费、税金、保险费、分包费用、利息等内容。费用索赔申请见表6-2。

表6-2 费用索赔申请（核准）表

工程名称：　　　　　　　　　　　　　标段：　　　　　　　　　　　　编号：

致：　　　　　　　　　　　　　　　（发包人全称） 　　　根据施工合同条款　　　　　条的约定，由于　　　　　原因，我方要求索赔金额（大写）　　　　　（小写　　　　），请予核准。 附：1. 费用索赔的详细理由和依据： 　　2. 索赔金额的计算： 　　3. 证明材料：   　　　　　　　　　　　　　　　　　　　　　　　　　　　　　承包人（章） 　　造价人员　　　　　　　　　承包人代表　　　　　　　日　期

复核意见： 　　根据施工合同条款　　　　　条的约定，你方提出的费用索赔申请经复核： □不同意此项索赔，具体意见见附页。 □同意此项索赔，索赔金额的计算，由造价工程师复核。 　　　　　　　　　　监理工程师　　　　　 　　　　　　　　　　日　　期	复核意见： 　　根据施工合同条款　　　　　条的约定，你方提出的费用索赔申请经复核，索赔金额为（大写） 　　　　　（小写　　　　　） 　　　　　　　　　造价工程师　　　　　 　　　　　　　　　日　　期
审核意见： □不同意此项索赔。 □同意此项索赔，与本期进度款同期支付。 　　　　　　　　　　　　　　　　　　　发包人（章） 　　　　　　　　　　　　　　　　　　　发包人代表　　　　　 　　　　　　　　　　　　　　　　　　　日　　期	

注：1. 在选择栏中的"□"内作标识"√"。
　　2. 本表一式四份，由承包人填报，发包人、监理人、造价咨询人、承包人各存一份。

1. 人工费

人工费主要包括生产人工的工资、津贴、加班费、奖金等。对于索赔费用中的人工费部分来说，主要指完成合同之外的额外工作所花费的人工费用；由于非承包人责任的功效降低多增加的人工费用；超过法定工作时间的加班费用；法定的人工增长以及非承包人责任造成的工程延误导致的人员窝工费；相应增加的人身保险和各种社会保险支出等。在计算停工损失中人工费时，通常采取人工单价乘以折算系数计算。

2. 材料费

可索赔的材料费主要包括：由于索赔事项导致材料实际用量超过计划用量而增加的材料费；由于客观原因导致材料价格大幅度上涨；由于发包人原因导致工程延期期间的材料价格上涨和超期储存费用。材料费中应包括运输费、仓储费，以及合理的损耗费用。如果由于承包人管理不善，造成材料损坏失效，则不能列入索赔款项内。

3. 施工机具使用费

可索赔的施工机具使用费用主要包括：由于完成合同之外的额外工作增加的施工机具使用费；非承包人责任导致的工效降低而增加的机械设备闲置、折旧和修理费分摊、租赁费用；由于发包人或监理人原因造成的机械设备停工的窝工费；非承包人原因增加的设备保险费、运费及进口关税等。在计算机械设备台班停滞费时，不能按机械设备台班费计算，因为台班费中包括设备使用费。如果机械设备是承包人自有设备，一般按台班折旧费计算；如果是承包人租赁的设备，一般按台班租金加上每台班分摊的施工机械进退场费计算。

4. 现场管理费

现场管理费的索赔包括承包人完成合同之外的额外工作以及由于发包人原因导致工期延期期间的现场管理费，包括管理人员工资、办公费、通讯费、交通费等。

现场管理费索赔金额的计算公式为：

$$现场管理费索赔金额 = 索赔的直接成本费用 \times 现场管理费率 \qquad (6-1)$$

其中，现场管理费率的确定可以选用下面的方法：（1）合同百分比法，即管理费比率在合同中规定；（2）行业平均水平法，即采用公开认可的行业标准费率；（3）原始估价法，即采用投标报价时确定的费率；（4）历史数据法，即采用以往相似工程的管理费率。

5. 总部（企业）管理费

总部管理费的索赔主要指的是由于发包人原因导致工程延期期间所增加的承包人向公司总部提交的管理费，包括总部职工工资、办公大楼折旧、办公用品、财务管理、通讯设施以及总部领导人员赴工地检查指导工作等开支。总部管理费索赔金额的计算，目前还没有统一的方法。通常可采用以下几种方法：

（1）按总部管理费的比率计算：

$$总部管理费索赔金 = （直接费索赔金额 + 现场管理索赔金额）\times$$
$$总部管理费比率(\%) \qquad (6-2)$$

其中，总部管理费的比率可以按照投标书中的总部管理费比率计算（一般为3%～8%），也可以按照承包人公司总部统一规定的管理费比率计算。

（2）按已获补偿的工程延期天数为基础计算

该公式是在承包人已经获得工程延期索赔的批准后，进一步获得总部管理费索赔的计算方法。计算步骤如下：

①计算被延期工程应当分摊的总部管理费：

$$
\begin{array}{l}延期工程应分摊的\\总部管理费\end{array} = \begin{array}{l}同期公司计划\\总部管理费\end{array} \times \frac{延期工程合同价格}{同期公司所有工程合同总价} \quad (6\text{-}3)
$$

②计算被延期工程的日平均总部管理费：

$$
延期工程的日平均总部管理费 = \frac{延期工程应分摊的总部管理费}{延期工程计划工期} \quad (6\text{-}4)
$$

③计算索赔的总部管理费：

$$
索赔的总部管理费 = \begin{array}{l}延期工程的日\\平均总部管理费\end{array} \times 工程延期的天数 \quad (6\text{-}5)
$$

6. 保险费

因发包人原因导致工程延期时，承包人必须办理工程保险、施工人员意外伤害保险等各项保险的延期手续，对于由此而增加的费用，承包人可以提出索赔。

7. 保函手续费

因发包人原因导致工程延期时，承包人必须相关履约保函的延期手续，对于由此而增加的手续费，承包人可以提出索赔。

8. 利息

利息的索赔包括：发包人拖延支付工程款利息；发包人迟延退还工程保留金的利息；承包人垫资施工的垫资利息；发包人错误扣款的利息等。至于具体的利率标准，双方可以在合同中明确约定，没有约定或约定不明的，可以按照中国人民银行发布的同期同类贷款利率计算。

9. 利润

对于不同性质的索赔，取得利润索赔的成功率是不同的，在以下几种情况下，承包人一般可以提出利润索赔：

（1）工程变更情况下的利润补偿；

（2）工程合同终止情况下的利润索赔；

（3）工程合同延期情况下的利润索赔。

10. 分包费用

由于发包人的原因导致分包工程费用增加时，分包人只能向总承包人提出索赔，但分包人的索赔款项应当列入总承包人对发包人的索赔款项中。分包费用索赔指的是分包人的索赔费用，一般也包括与上述费用类似的内容索赔。

（二）索赔费用的计算方法

索赔费用的计算应以赔偿实际损失为原则，包括直接损失和间接损失。索赔费用的计算方法通常有五种，即实际费用法、总费用法、修正的总费用法、拖延总费用责任分摊法以及审判裁定法。

1. 实际费用法

实际费用法又称分项法，即根据每个索赔事件所造成的损失或成本增加，按费用项目逐项进行分析、计算索赔金额的方法。该方法是在明确责任的前提下，将需索赔的费用分项列出，并提供相应的工程记录、收据等证据资料，这样可以在较短的时间内给以分析、核实，确定索赔费用，顺利解决索赔。这种方法比较复杂，但能客观地反映施工单位的实际损失，比较合理，易于被当事人接受，在国际工程中被广泛采用。

由于索赔费用组成的多样化，不同原因引起的索赔，承包人可索赔的具体费用内容有所不同，必须具体问题具体分析。由于实际费用法所依据的是实际发生的成本记录或单据，所以，在施工过程中，系统而准确地积累记录资料是非常重要的。

2. 总费用法

总费用法，也被称为总成本法，就是当发生多次索赔事件后，计算该项索赔事件的实际总费用，再从该实际总费用中减去投标报价时的估算总费用，即为索赔金额。总费用法计算索赔金额的公式如下：

$$索赔金额 = 实际总费用 - 投标报价估算总费用 \qquad (6-6)$$

在总费用法的计算方法中，没有考虑实际总费用中可能包括由于承包人的原因（如施工组织不善）而增加的费用，投标报价估算总费用也可能由于承包人为谋取中标而导致过低的报价，因此，总费用法并不十分科学。只有在难以精确地确定某些索赔事件导致的各项费用增加额时，总费用法才得以采用。

3. 修正的总费用法

修正的总费用法原则上和总费用法一样，只是对总费用法进行了改进，即在总费用计算的原则上，去掉一些不合理的因素，使其更为合理。修正的内容如下：

（1）将计算索赔款的时段局限于受到索赔事件影响的时间，而不是整个施工期；

（2）只计算受到索赔事件影响时段内的某项工作所受影响的损失，而不是计算该时段内所有施工工作所受的损失；

（3）与该项工作无关的费用不列入总费用中；

（4）对投标报价费用重新进行核算，即按受影响时段内该项工作的实际单价进行核算，乘以实际完成的该项工作的工程量，得出调整后的报价费用。

按修正后的总费用计算索赔金额的公式如下：

索赔金额 = 某项工作调整后的实际总费用 – 该项工作的报价费用 (6-7)

修正的总费用法与总费用法相比有了实质性的改进，它的准确程度已接近于实际费用法。

4. 拖延总费用责任分摊法

拖延总费用责任分摊法的实质就是将延误费用按照双方的责任的比例进行分摊的计算方法，其计算程序为：

(1) 对工程进度进行分析，确定拖延时间。

(2) 根据合同规定，在进度分析的基础上确认各责任方对拖延的责任。

(3) 将拖延费用与合同履行费用进行分割，确认由于项目发生拖延造成的费用增加额，应注意对不构成合同履行费用的非延误费用不能作为项目拖延费用处理；拖延总费用的计算可以采取实际总费用法，即将实际发生的拖延费用作为项目拖延费用。

(4) 按照拖延责任的比例对拖延费用进行分摊。

(5) 根据拖延费用分摊计算索赔费用。

使用拖延总费用责任分摊法形成一个对索赔费用的动态计算，为建立一个准确、高效的由多事件拖延而造成的索赔费用的构成标准提供理论上的参考依据。但是由于忽略了由工期拖延而引起的附加费用的索赔，由多事件拖延造成各方的索赔费用的计算并不精确。

5. 审判裁定法

审判裁定法是一条由法律途径来解决索赔争端以及确定索赔款额。它通过法庭审判，研究承包人的索赔资料和证据，并听取多事件拖延各责任方的申辩，最后确定一个索赔款额，以法庭裁决的形式使承包人得到相应的经济补偿。审判裁定法所依据的证据、资料同其他的索赔计价法一样，都是依据承包人的实际开支证明来做裁决。唯一不同的地方，是前四种索赔计价是由合同双方协商一致而确定的，审判裁定法是靠法院审判而裁定的。

七、工期索赔

如果由于非承包人自身原因造成工程延期，在13版《清单计价规范》和13版《示范文本》中都有规定承包人有权向发包人提出工期延长的索赔要求，这是施工合同赋予承包人要求延长工期的正当权利。若承包人的费用索赔与工期索赔要求相关联时，发包人在做出费用索赔的批准决定时，应结合工程延期，综合做出费用赔偿和工程延期的决定。

(一) 工期延误的分类

工期拖延按照风险来源划分，可分为发包人原因造成的工期延误、发包人风险造成的工期延误、自然风险造成的工期延误、第三方原因造成的工期延误、共同延误。

发包人原因造成的工期延误是指发包人未按照合同约定的时间和要求提供原材料、设备、场地、资金、技术资料等原因，造成工程工期的延误。主要包括发包人延误支付预付款、进度款等；发包人未能按照已批准的施工进度计划（也即合同进度计划）中的要求提供必要的施工条件；发包人未按约定提供甲供材等；监理人指示的错误或延期造成的工期延误。发包人风险造成的工期延误是指在合同中风险完全归发包人承担，但并非由发包人引起的工期延误，主要包括发现文物，不利物质条件；发包人指定分包工程引起的工期拖延。自然风险造成的工期延误是指由于异常恶劣气候条件或者不可预见、不可避免、不可克服的自然灾害引起的工期延误，主要包括高温酷暑、暴雪冰冻、地震、海啸、瘟疫、水灾、骚乱、暴动、战争等造成的工期延误。第三方原因造成的工期延误是指非发包人或承包人原因而导致的工期延误。如由于传染病或政府行为导致人员或货物的可获得的不可预见的短缺、政府部门要求的停工等。共同延误是指在同一时间发生的或者在某种程度上相互作用的两个或两个以上的事件造成的延误。工程延误的分类如图6-3所示。

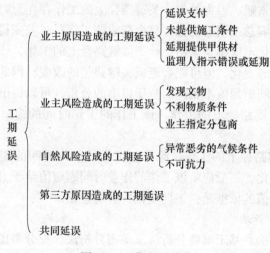

图6-3 工期延误分类

（二）工期索赔的计算方法

工期索赔的计算方法有比例分析法、网络分析法以及动态网络分析法。

1. 比例分析法

在实际的施工工程中，干扰事件往往影响某些单项工程或是单位工程以及分部分项工程的工期，从而引起整个工程的总工期发生拖延。分析各干扰事件对总工期的影响，可以采用较为简单的比例分析法，即将某个技术经济指标作为其比较基础，从而计算出索赔工期的具体时间。

比例分析操作简便，但往往不符合比较复杂的实际工程情况。比例分析法不适用于变更施工顺序、加速施工、删减工程量等事件引起的工期索赔。对于工程变更这一事件特别是由工程量的增加所引起的工期索赔事件，由于干扰事件发生是在工程施工过程中的，承包人无法确定一个合理的工期计划，而合同工期以及价格均是在合同签订前确定的。出现工程变更指令会对施工现场造成停工、返工的情况，甚至需要重新增加或者修改承包人的组织计划，重新安排人工、材料和机械设备，这样会加剧施工现场的管理混乱度并且降低施工效率。此类出现工程变更事件的实际影响要比利用比例法得到的结果大得多，在这种情况下工期索赔一般由实际施工现场记录决定。

2. 网络图分析法

网络图分析法是利用进度计划的网络图，分析其关键线路。如果延误的工作为关键工作，则总延误的时间为批准顺延的工期；如果延误的工作为非关键工作，当该工作由于延误超过时差限制而成为关键工作时，可以批准延误时间与时差的差值；若该工作延误后仍为非关键工作，则不存在工期索赔问题。

在对缩短工期的索赔中，应索赔其对总工期的影响，不应依据该工作的工作时间的缩短值进行索赔。因为处于非关键路径上的工作存在总时差，该工作的工作时间缩短不会影响总工期的变化，只会造成该工作总时差变得更大，因此该工作的工作时间的变化不应得到索赔；处于关键路径上的工作，该工作的工作时间缩短会影响总工期的变化，但可能会造成关键路径的改变，因此，工期的缩短值与该工作的工作时间缩短值不相同。基于以上的分析，可以得出以下两条结论：

（1）处于非关键路径上的工作，该工作的工作时间的缩短值一律不应计算在索赔值内。

（2）处于关键路径上的工作，除非该工作的工作时间的变化引起关键路径改变及总工期的变化，一般应就该工作的作业时间缩短值给予索赔。关键路径改变情况下计算索赔值的依据是：工期变化前后的差值。

3. 动态网络分析法

动态网络分析法是基于网络分析法及动态分析法，充分考虑合理的工程施工顺序而形成的工期索赔计算方法。利用工期计划的网络图，分析其关键线路。如果发生拖延的工作为关键工作，则总拖延的时间为顺延的工期；如果发生拖延的工作为非关键工作，该工作由于拖延时间超过时差限制而成为关键工作时，可以允许拖延时间与时差的差值；若该工作拖延后仍为非关键工作，则不存在工期索赔问题。

当发生初始拖延时，将该拖延加载至初始网络计划中。制定并调整网络计划，分析调整网络计划与初始网络计划之间的差异，找出关键线路，计算总工程工期，此工期即只考虑发生本次拖延后，工程持续的总时间。充分考虑可能引起拖延的各方责任人是否存在拖延行为，根据原则进行拖延的责任的分担，确定工期拖延责任方，并提出相应的索赔时间。当存在其他拖延，则将上一阶段调整后的网络计划作为初始网络计划进行重新计算。如果拖延发生在关键线路上，对总工期的影响就是该拖延影响的时间。如果拖延发生在非关键线路上，计算出所在线路的总浮动时间。拖延影响的时间比总浮动时间短时，不影响总工期。比总浮动时间长时，对总工期的影响为两者的差值。此时，以新的关键线路为调整网络计划的关键线路。动态网络分析法一般步骤如图6-4所示。

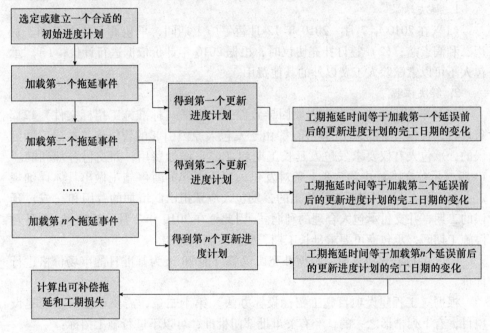

图6-4 动态网络分析法一般步骤

从动态网络分析法的核心内容可以看出，网络进度计划是拖延索赔分析的基础，拖延动态加载方式是拖延索赔分析的手段。

八、案例分析

（一）案例背景

某工程，2009年12月公开招标确定中标单位，受有关部门清拆进度影响，2010年4月开工，至2010年7月底，桩基础施工完成过半。由于发包人增加地下部分建设规模需报审和图纸设计，工程停工（发包人书面通知停工）。2010年12月发包人书面通知复工，但由于当时该市建筑市场大面积工程开工，桩施工费用市场价远高于造价信息，加之临近春节人工工资也相对较高，所以承包商不愿复工，拖至春节后才正式复工。

（二）争议焦点

（1）承包商对于2010年7月~2010年12月期间的停工是否可要求索赔，可要求哪些索赔？

（2）对于发包人增加的地下部分建设规模，双方拟签订补充协议，应按2009年计价依据计价还是2010年计价依据计价？

（3）施工工期缩短，承包商是否可以索赔人工费以外的其他费用？

（三）争议解决

1. 解决结果

（1）在2010年7月~2010年12月暂停施工期间，承包商可要求工期、费用、利润索赔；（2）签订补充协议时，根据2010年计价依据进行计价；（3）承包人不可以索赔除人工费以外的其他费用。

2. 解决依据

（1）本案例是由于发包人原因导致停工，根据《标准施工招标文件》12.2条规定，发包人暂停施工的责任："由于发包人原因引起的暂停施工造成工期延误的，承包人有权要求发包人延长工期和（或）增加费用，并支付合理利润。"13版《示范文本》中第7.8.1条对发包人原因引起的暂停施工做出具体详细规定："因发包人原因引起暂停施工的，发包人应承担由此增加的费用和（或）延误的工期，并支付承包人合理的利润。"因此，在2010年7月~2010年12月暂停施工期间，承包商可要求延长工期、费用、利润索赔。

（2）签订补充协议时，根据补充协议签订前28天为基准日的市场价格进行计价。

根据《工程建设项目施工招标投标办法》第十二条，需要审批的工程建设项目，有下列情形之一的，经有关审批部门批准，可以不进行施工招标：

①涉及国家安全、国家秘密或者抢险救灾而不适宜招标的；

②属于利用扶贫资金实行以工代赈需要使用农民工的；

③施工主要技术采用特定的专利或者专有技术的；

④施工企业自建自用的工程，且该施工企业资质等级符合工程要求的；

⑤在建工程追加的附属小型工程或者主体加层工程，原中标人仍具备承包能力的；

⑥法律、行政法规规定的其他情形。

发包人增加的地下部分建设规模，属于在建工程追加的附属小型工程，不需要进行施工招标。

13版《清单计价规范》第9.2.1条规定："招标工程以投标截止日前28天，非招标工程以合同签订前28天为基准日，其后国家的法律、法规、规章和政策发生变化影响工程造价的，应按省级或行业建设主管部门或其授权的工程造价管理机构发布的规定调整合同价款。"第9.8.3条规定："发生合同工程工期延误的，应按照下列规定确定合同履行期的价格调整。因非承包人原因导致工期延误的，计划进度日期后续工程的价格，应采用计划进度日期与实际进度日期两者的较高者。因承包人原因导致工期延误的，计划进度日期后续工程的价格，应采用计划进度日期与实际进度日期两者的较低者。"

因此，签订补充协议时，根据补充协议签订前28天为基准日的市场价格进行计价。

（3）本题的关键在于承包人的赶工费用与承包人的工期延误。

如果施工期缩短是发包人要求的，依据13版《清单计价规范》第9.11条："发包人要求合同工程提前竣工，应征得承包人同意后与承包人商定采取加快工程进度的措施，并修订合同工程进度计划。发包人应承担承包人由此增加的提前竣工（赶工补偿）费"则承包人可以要求赶工费用。因此，承包人可以索赔由此增加的人工费、材料费、施工机械使用费、管理费等。

如果由于承包人原因导致工期延误，发包人或监理人要求承包人采取措施加快进度的。13版《清单计价规范》第9.2.1条做了规定："承包人未按照合同约定施工，导致实际进度迟于计划进度的，承包人应加快进度，实现合同工期。合同工程发生误期，承包人应赔偿发包人由此造成的损失，并应按照合同约定向发包人支付误期赔偿费。即使承包人支付误期赔偿费，也不能免除承包人按照合同约定应承担的任何责任和应履行的任何义务。"也就是说，如果承包人未按照合同约定施工，导致实际进度迟于计划进度，承包人应加快进度实现工期。即使承包人采用了赶工措施，赶工费用应由承包人承担。如合同工程仍然延误，承包人应赔偿发包人由此造成的损失，并按照合同约定向发包人支付误期赔偿费。根据07版《标准施工招标文件》第11.5条承包人的工期延误：由于承包人原因，未能按合同进度计划完成工作，或监理人认为承包人施工进度不能满足合同工期要求的，承包人应采取措施加快进度，并承担加快进度所增加的费用。由于承包人原因造成工期延误，承包人应支付逾期竣工违约金。逾期竣工违约金的计算方法在专用合同条款中约定。承包人支付逾期竣工违约金，不免除承包人完成工程及修补缺陷的义务。

第二节　不可抗力

一、不可抗力的概念

所谓的不可抗力，在我国《民法通则》上是指"不能预见、不能避免和不能克服的客观情况。"在《合同法》中，不可抗力是一种强制性的规定，当事人的约定不能够与法律强制性规定相抵触，因此当事人应当在法律规定的原则条件下，列举具体的属于不可抗力的情况，违背法律强制性规定的约定应当无效。

而在工程中，13版《清单计价规范》指出"不可抗力是指发承包双方在工程合同签订时不能预见的，对其发生的后果不能避免，并且不能克服的自然灾害和社会性突发事件。"13版《示范文本》指出："不可抗力"是指合同当事人在签订合同时不可预见，在合同履行过程中不可避免且不能克服的自然灾害和社会性突发事件，如地震、海啸、瘟疫、骚乱、戒严、暴动、战争和专用合同条款中约定的其他情形。所谓"不能预见"是指以一般人的判断能力无法预见某种事件的发生；"不能避免"是指当事人已经尽到了最大的努力，仍然不能避免某种事件的发生；"不能克服"是指当事人在某种事件发生后已尽到最大努力仍不能克服事件所造成的后果。

二、不可抗力的事件

根据不可抗力的定义可知其可以大致分为三种情况，一种是有经验对承包商无法理性地预见或防范的自然灾害，具体包括地震、飓风、台风或火山活动等；另一种是指人为的事件，包括：（1）战争、敌对行为（不论宣战与否）、入侵、外敌行为；（2）叛乱、恐怖主义、革命、暴动、军事政变或篡夺政权、内战；（3）供方和供方人员和供方及其分包商的其他雇员以外的人员的骚动、喧闹、混乱、罢工或停工；（4）战争军火、爆炸物资、电离辐射或放射性污染，但可能因供方使用此类军火、炸药、辐射或放射性引起的除外；最后一种是政府行为。13版《示范文本》中指出双方当事人应当在合同专用条款中明确约定不可抗力的范围以及具体的判断标准。

三、不可抗力的处理程序

合同一方当事人遇到不可抗力事件，使其履行合同义务受到阻碍时，应立即通知合同另一方当事人和监理人，书面说明不可抗力和受阻碍的详细情况，并提供必要的证明。

不可抗力持续发生的，合同一方当事人应及时向合同另一方当事人和监理人提交中间报告，说明不可抗力和履行合同受阻的情况，并于不可抗力事件结束后28天内提交最终报告及有关资料。

因不可抗力导致合同无法履行连续超过84天或累计超过140天的，发包人和承包人均有权解除合同。合同解除后，发包人应在确定应支付的款项后28天内完成支付。

四、不可抗力后果的承担

（一）不可抗力引起损失的分类

不可抗力事件一旦发生对工程项目造成的损失是巨大的，主体工程可能造成损坏，工程可能停工或延期，严重的或许会导致人员伤亡。为了更有效明确的研究损失分担原则，首先划分不可抗力事件引起工程的损失内容分类是非常必要的。

合同未解除情况下，各合同文本均对不可抗力引起的损失承担原则进行了规定，表6-3为根据不可抗力损失内容对不可抗力损失的分类。

表6-3　合同文本中不可抗力引起损失分类

合同文本内容	损失内容分类		
2013版《示范文本》	1 永久工程、已运至施工现场的材料和工程设备损失；	工程本身损失	工程本身损失
	2 第三人人员伤亡和财产损失；	第三人损失	第三人损失
	3 承包人施工设备；	承包人损失	当事人损失
	4 各自人员伤亡和财产的损失；	承包人、发包人损失	
	5 工期损失、停工的费用损失。		
13版《清单计价规范》	1 工程本身的损害；	工程本身损失	工程本身损失
	2 运至施工场地用于施工的材料和待安装的设备损害；		
	3 第三方人员伤亡和财产损失；	第三人损失	第三人损失
	4 各自人员伤亡	承包人、发包人损失	当事人损失
	5 承包人的施工机械设备损坏；	承包人损失	
	6 承包人的停工损失。		

由表6-3可知，13版《示范文本》，13版《清单计价规范》将不可抗力引起的损失分为工程本身损失、当事人损失和第三人损失三部分。其中。工程本身损失主要是永久工程的损失、已运至施工现场的材料和工程设备损失；当事人损失主要分发包人和承包人的损失，损失的内容主要有停工损失、各自的人员伤亡和财产损失等等；第三人损失主要是除当事人以外的合同第三人的人员伤亡以及财产损失。

（二）不可抗力损失的承担原则

对于不可抗力的损失承担原则，各合同规范都做了详细规定。其中，13版《示范文本》规定："不可抗力引起的后果及造成的损失由合同当事人按照法律规定及合同约定各自承担。不可抗力发生前已完成的工程应按照合同约定进行计量支付。"

1. 工程本身损失承担原则

工程本身损失主要包括永久工程和已运至施工场地的材料和设备两部分，由发包人承担。特别的，永久工程是指按合同约定建造并移交给发包人的工程，包括工程设备。永久工程本身是发承包双方签订工程项目合同的唯一交易物，在合同履行期间承包人为发包人建设工程项目，项目完工后发包人支付承包人工程价款，拥有工程项目。并且工程为发包人所建，为发包人所有，发包人对工程拥有物权，所以发包人为不可抗力事件发生导致工程本身损失的直接受损方，理应由发包人承担损失。

2. 第三人损失承担原则

第三人，在法律中是指除双方当事人之外的，在法律关系和法律诉讼关系中，与标的或者诉讼有关的第三人。在建设项目中双方当事人指承包人与发包人，标的为最后建设完成移交与发包人的工程。不可抗力导致的第三人的人员伤亡和财产损失可能是由工程损坏造成的，也有可能是不可抗力事件本身或者是不可抗力事件导致工程延期造成的。所有工程损坏造成的第三人人员伤亡为发包人所有物造成的第三人损失，所以应该由发包人承担。而对于非工程损害造成的损失最为明显的是分包人和材料设备供应商的损失。具体的承担原则为：（1）直接跟发包人签订合同的分包人以及材料设备供应商的费用损失根据合同进行损失分担；（2）直接跟总包人签订合同的分包人的费用损失由总包人合计后跟发包人协商损失分担问题，总包人与分包人之间按分包合同约定处理；（3）总包人租用的设备和周转材料的费用损失由租赁公司承担；（4）未运至施工现场的材料设备的费用损失由材料设备供应商承担。

3. 当事人损失的承担原则

不可抗力导致的当事人的损失主要包括停工损失、财产损失以及人员伤亡损失三个部分。13 版《清单计价规范》中明确指出：（1）发包人、承包人人员伤亡应由其所在单位负责，并应承担相应费用；（2）承包人的施工机械设备损坏及停工损失，应由承包人承担；（3）停工期间，承包人应发包人要求留在施工场地的必要的管理人员及保卫人员的费用应由发包人承担。这符合"风险损失的直接受损方最好承担该风险，以激励其管理行为"的风险承担原则。"各自损失各自承担"可以激励发承包双方合理有效管理自由财产，使得不可抗力造成的成本损失降到最低。这符合 Motiar Rahman 提出的"最佳的风险分担目标是能够最大程度的减少项目风险，而不管是谁的风险，并且最小化项目风险成本，而非某一主体的风险成本"。

4. 不可抗力导致合同解除的承担原则

在上文中，将合同未解除是不可抗力损失归为工程本身损失、第三人损失、当事人损失三类。而当不可抗力导致合同无法履行连续超过 84 天或累计超过 140

天时，发包人和承包人均有权解除合同。不可抗力事件导致合同解除，并不是说明当发生不可抗力事件时，合同就会自行解除，而是我国法律给予合同当事人解除合同的法定权利。因此，当发生不可抗力事件时，合同当事人可以依据法律规定单方面解除合同，而无需征求合同另一方的同意。13版《清单计价规范》明确指出：由于不可抗力致使合同无法履行解除合同的，发包人应向承包人支付合同解除之日前已完成工程但尚未支付的合同价款，此外，还应支付下列金额：

（1）合同未解除时应由发包人承担的费用；

（2）已实施或部分实施的措施项目应付价款；

（3）承包人为合同工程合理订购且已交付的材料和工程设备货款；

（4）承包人撤离现场所需的合理费用，包括雇员遣送费和临时工程拆除、施工设备运离现场的费用；

（5）承包人为完成合同工程而预期开支的任何合理费用，且该项费用未包括在本款其他各项支付之内。

发承包双方办理结算工程款时，应扣除合同解除之日前发包人应向承包人收回的任何款项。当发包人应扣除的金额超过了应支付的金额，则承包人应在合同解除后的56天内将其差额退还给发包人。

五、案例分析

（一）案例背景

发包人与承包人按13版《示范文本》对某项工程建设项目签订了工程施工合同，工程未进行投保。在工程施工过程中，遭受暴风雨不可抗力的袭击，造成了相应的损失，施工单位及时向监理工程师提出索赔要求，并附索赔有关的资料和证据。索赔报告的基本要求如下：

（1）遭暴风雨袭击是非施工单位原因造成的损失，故应由发包人承担赔偿责任。（2）给已建分部工程造成破坏，损失计18万元人民币，应由发包人承担修复的经济责任，施工单位不承担修复的经济责任。（3）施工单位人员因此灾害使数人受伤，处理伤病医疗费用和补偿金总计3万元人民币，发包人应给予赔偿。（4）施工单位进场的在使用的机械、设备受到损坏，造成损失8万元人民币，由于现场停工造成台班费损失4.2万元人民币，发包人应负担赔偿和修复的经济责任。工人窝工费3.8万元人民币，发包人应予支付。（5）因暴风雨造成现场停工8天，要求合同工期顺延8天。（6）由于工程破坏，清理现场需费用2.4万元人民币，发包人应予支付。

（二）争议焦点

监理工程师接到施工单位提交的索赔申请后，应进行哪些工作？对施工单位提出的要求如何处理？

（三）争议解决

1. 解决结果

（1）监理工程师接到索赔申请通知后应进行以下主要工作：①进行调查、取证；②审查索赔成立条件，确定索赔是否成立；③分清责任，认可合理索赔；④与施工单位协商，统一意见；⑤签发索赔报告，处理意见报发包人核准。

（2）对于施工单位提出要求的处理结果分别为：事件1经济损失由双方分别承担，工期延误应予签证顺延；事件2工程修复、重建18万元人民币工程款应由发包人支付；事件3中对于施工单位人员因此灾害使数人受伤，处理伤病医疗费用和补偿金总计3万元人民币索赔不予认可，由施工单位承担；事件4中的索赔不予认可，由施工单位承担；事件5中顺延合同工期8天应予认可；事件6中发生的费用由发包人承担。

2. 解决依据

由于发包人与施工单位按13版《示范文本》对某项工程建设项目签订了工程施工合同，根据13版《示范文本》具体条款规定：不可抗力导致的人员伤亡、财产损失、费用增加和（或）工期延误等后果，由合同当事人按以下原则承担：

（1）永久工程、已运至施工现场的材料和工程设备的损坏，以及因工程损坏造成的第三方人员伤亡和财产损失由发包人承担；

（2）承包人施工设备的损坏由承包人承担；

（3）发包人和承包人承担各自人员伤亡和财产的损失；

（4）因不可抗力影响承包人履行合同约定的义务，已经引起或将引起工期延误的，应当顺延工期，由此导致承包人停工的费用损失由发包人和承包人合理分担，停工期间必须支付的工人工资由发包人承担；

（5）因不可抗力引起或将引起工期延误，发包人要求赶工的，由此增加的赶工费用由发包人承担；

（6）承包人在停工期间按照发包人要求照管、清理和修复工程的费用由发包人承担。

第七章　市场价格波动及法律变化引起的施工合同价款调整

物价变化引起的合同价款调整可以看做是发承包双方的一种博弈。发包人通常倾向于不调价，因为允许调价增大了发包人承担的风险，增加了不确定性，而承包人则希望调价，以保障自身利益不受损害，甚至在物价变化引起的合同价款调整中实现盈利。物价变化不是完整的调价事件，因为一部分风险是承包人承担的，例如材料和工程设备的变化在5%之内和机械台班在10%之内，物价变化超过约定范围的应由发包人承担风险。工程建设过程中，发承包双方都是国家法律、法规、规章和政策的执行者。因此，因国家法律、法规、规章和政策发生变化影响合同价款的风险，发承包双方可以在合同中约定由发包人承担。无论是市场价格波动还是法律法规变化引起的合同价款调整，都应遵循违约者不获利原则即因己方原因引起事件状态发生变化不能从事件状态变化中获得利益，应当风险自担。

第一节　市场价格波动

一、市场价格波动的价款调整方法

在合同履行期间，当人工、材料、工程设备、机械台班价格波动超过一定范围时，如果发包人不允许调价，个别承包人为使自身利益不受损害，就会采取偷工减料或非法分包甚至非法转包等手段，给工程建设带来隐患，极大地损害了发包人的利益。因此，为弥补由于物价变化造成承包人的利益损失，保证建设工程的质量和安全，可合理进行调价，这也可视为对承包人的一种激励措施。

承包人采购材料和工程设备的，应在合同中约定主要材料、工程设备价格变化的范围或幅度，如没有约定，则材料、工程设备单价变化超过5%，应调整超过部分的材料、工程设备费。因物价波动引起的合同价款调整方法有两种：一种是采用价格指数调整价格差额，另一种是采用造价信息调整价格差额。

（一）价格指数调整价格差额

采用价格指数调整价格差额的方法，主要适用于施工中所用的材料品种较少，但每种材料使用量较大的土木工程，如公路、水坝等。FIDIC 和 NEC 合同均是采用这种方法对工程价款进行动态调整的。由于我国水利水电工程和公路工程领域引进国外先进管理经验比较早，因此，我国水利水电工程和公路工程的标准施工招标文件中的合同文本均采用调值公式法调整工程价款。

（1）价格调整公式。因人工、材料、工程设备和施工机械台班等价格波动影响合同价款时，根据投标函附录中的价格指数和权重表约定的数据，按以下价格调整公式计算差额并调整合同价款：

$$\Delta P = P_0 \left[A + \left(B_1 \times \frac{F_{t1}}{F_{01}} + B_2 \times \frac{F_{t2}}{F_{02}} + B_3 \times \frac{F_{t3}}{F_{03}} + \cdots + B_n \times \frac{F_{tn}}{F_{0n}} \right) - 1 \right] (7\text{-}1)$$

式中

ΔP——需调整的价格差额；

P_0——约定的付款证书中承包人应得到的已完成工程量的金额。此项金额应不包括价格调整、不计质量保证金的扣留和支付、预付款的支付和扣回。约定的变更及其他金额已按现行价格计价的，也不计在内；

A——定值权重（即不调部分的权重）；

B_1，B_2，B_3，…，B_n——各可调因子的变值权重（即可调部分的权重），为各可调因子在投标函投标总报价中所占的比例；

F_{t1}，F_{t2}，F_{t3}，…，F_{tn}——各可调因子的现行价格指数，指约定的付款证书相关周期最后一天的前 42 天的各可调因子的价格指数；

F_{01}，F_{02}，F_{03}，…，F_{0n}——各可调因子的基本价格指数，指基准日的各可调因子的价格指数。

当确定定值部分和可调部分因子权重时，应注意由于以下原因引起的合同价款调整，其风险应由发包人承担：

①国家法律、法规、规章和政策发生变化；

②省级或行业建设主管部门发布的人工费调整，但承包人对人工费或人工单价的报价高于发布的除外；

③由政府定价或政府指导价管理的原材料等价格进行了调整。

以上价格调整公式中的各可调因子、定值和变值权重，以及基本价格指数及其来源在投标函附录价格指数和权重表中约定。价格指数应首先采用工程造价管理机构提供的价格指数，缺乏上述价格指数时，可采用工程造价管理机构提供的价格代替。

（2）暂时确定调整差额。在计算调整差额时得不到现行价格指数的，可暂用上一次价格指数计算，并在以后的付款中再按实际价格指数进行调整。

（3）权重的调整。按变更范围和内容所约定的变更，导致原定合同中的权重不合理时，由承包人和发包人协商后进行调整。

（4）因承包人原因工期延误后的价格调整。由于承包人原因未按期竣工的，对合同约定的竣工日期后继续施工的工程，在使用价格调整公式时，应采用计划竣工日期与实际竣工日期的两个价格指数中较低的一个作为现行价格指数。

（二）造价信息调整价格差额

采用造价信息调整价格差额的方法，主要适用于使用的材料品种较多，相对而言每种材料使用量较小的房屋建筑与装饰工程。

合同履行期间，因人工、材料、工程设备和机械台班价格波动影响合同价格时，人工、机械使用费按照国家或省、自治区、直辖市建设行政管理部门、行业建设管理部门或其授权的工程造价管理机构发布的人工、机械使用费系数进行调整；需要进行价格调整的材料，其单价和采购数量应由发包人审批，发包人确认需调整的材料单价及数量，作为调整合同价格的依据。

1. 人工单价的调整原则

人工单价发生变化且符合省级或行业建设主管部门发布的人工费调整规定，发承包双方应按省级或行业建设主管部门或其授权的工程造价管理机构发布的人工费等文件调整合同价格，但承包人对人工费或人工单价的报价高于发布价格的除外。

人工成本的调整，目前主要采用对定额人工费出台调整系数（指数）的方式，同时对计日工出台单价的形式，需要指出的是，人工费的调整也应以调整文件的时间为界限进行。人工费信息分类如表7-1所示。

表7-1　人工费信息分类

序号	人工信息分类	人工费调整	价款的调整
1	规定人工费计价系数	原投标报价中的人工单价×计价系数＝新的人工单价	1. 如果合同中有规定的可按照新的人工单价－原报价中的人工单价，从而确定人工单价价差，再用价差×人工消耗量，依此来进行工程价款的调整。
2	直接规定各人工工种的当期价格	新的人工单价－原报价中的人工单价＝人工费价差，然后人工费价差×人工消耗量＝人工费调整差额	2. 如果合同中规定有调价公式的，也可按照调价公式进行总价价差的调整。

2. 材料和工程设备价格的调整原则

材料、工程设备价格变化的价款调整，按照承包人提供主要材料和工程设备一览表，根据发承包双方约定的风险范围，按以下原则进行调整：

（1）承包人在已标价工程量清单或预算书中载明材料单价低于基准价格的，合同履行期间材料单价涨幅以基准价格为基础超过5%时，或材料单价跌幅已在标价工程量清单或预算书中载明材料单价为基础超过5%时，其超过部分据实调整。调整原则如图7-1所示。

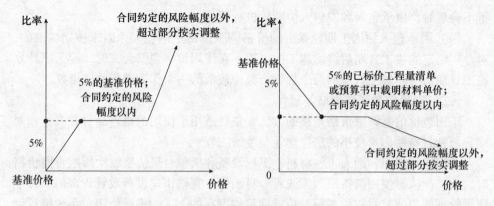

图 7-1　调整原则一图示

（2）承包人在已标价工程量清单或预算书中载明材料单价高于基准价格的，合同履行期间材料单价跌幅以基准价格为基础超过5%时，或材料单价涨幅已在标价工程量清单或预算书中载明材料单价为基础超过5%时，其超过部分据实调整。调整原则如图 7-2 所示。

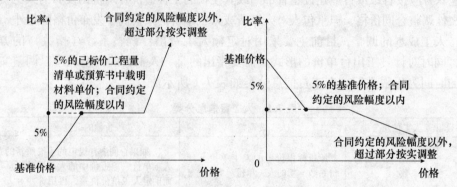

图 7-2　调整原则二图示

（3）承包人在已标价工程量清单或预算书中载明材料单价等于基准价格的，合同履行期间材料单价涨跌幅以基准价格为基础超过±5%时，其超过部分据实调整。调整原则如图 7-3 所示。

（4）承包人应在采购材料前将采购数量和新的材料单价报发包人核对，发包人确认用于工程时，发包人应确认采购材料的数量和单价。发包人在收到承包人报送的确认资料后5天内不予答复的视为认可，作为调整合同价格的依据。承包人未经发包人事先核对，承包人自行采购材料的，再报发包人确认调整合同价款的，发包人有权不予调整合同价格。发包人同意的，可以调整合同价格。

3. 施工机械台班单价的调整原则

施工机械台班单价或施工机械使用费发生变化超过省级或行业建设主管部门

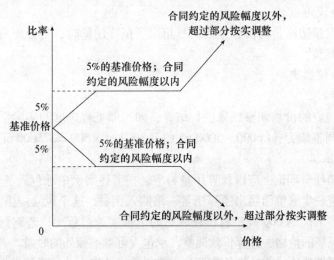

图 7-3　调整原则三图示

或其授权的工程造价管理机构规定的范围时，按照其规定调整合同价款。

（三）发生合同工程工期延误的调整方法

1. 因非承包人原因导致工期延误的，计划进度日期后续工程的价格，应采用计划进度日期与实际进度日期两者的较高者。

2. 因承包人原因导致工期延误的，计划进度日期后续工程的价格，应采用计划进度日期与实际进度日期两者的较低者。

（四）发包人供应材料和工程设备的调整方法

发包人供应材料和工程设备的，应由发包人按照实际变化调整，列入合同工程的工程造价内。

二、案例分析

（一）案例背景

在某建设项目施工过程中，发承包双方签订了施工合同，并在合同中规定当材料价格变化幅度超过 5% 时，即对超过部分的价格进行对应价款的调整。承包人在投标报价时钢材报价为 5000 元/t，在合同的实际履行过程中，发生了材料价格上涨的情况，在 6 月 1 日钢材市场价格上涨到 6000 元/t。承包人为防止钢材的进一步涨价，对钢材进行储备性采购，在 6 月 3 日购买钢材 1000t，而按照工程的施工组织设计，当月的进度计划用钢量为 500t。

发承包双方都认为应进行合同价款的调整，但承包人认为按照合同的约定应该调整 1000t 钢材的合同价款，而发包方认为应调整 500t 钢材的合同价款。发承包双方因此而产生了纠纷，影响了工程的施工进度。

（二）争议焦点

承包人以预防涨价为由，预购钢材超出了预算用量时，是否应对预购的所有钢材均进行调整？

（三）争议解决

1. 解决结果

按照发包方的价款调整额来进行结算，即按照工程进度的实际需求量支付给承包人价款调整额为：$[6000 - 5000 \times (1 + 5\%)] \times 500 = 375000$ 元。

2. 解决依据

钢材的消耗量理论上应以预算用量为准，在上述案例中承包人基于自身角度，为防止钢材进一步涨价而超出预算用量一倍购入钢材，这个风险应由其自身承担。对于承包人多采购的 500 吨钢材，在以后的工程实施过程中，若钢材价格继续上涨，则应按照新的价格去计算价款调整，承包人可取得额外的收益。若钢材价格回落，也应按照新的价格去计算价款调整，承包人应承担由此导致的损失。

第二节　暂估价

暂估价也是物价变化类中的，这是因为暂估价分为材料设备暂估和专业工程暂估，暂估价只暂估价不暂估量（尤其是材料暂估），未来暂估价要实际确认，确认的价格和暂估的价格差异的主要原因是由物价变化导致的，所以暂估价的变化也属于物价变化类。

一、暂估价产生的原因

合同在履行期间，通常会出现发包人在招标阶段遇见肯定要发生但由于专业工程设计深度不够、工期要求紧张等原因而无法确定价格的材料、工程设备的价格以及专业工程的金额，这就需要发包人暂估一个价格或者一笔金额，即形成了暂估价。暂估价产生的原因可归结为以下四个方面：

（1）设计图纸和招标文件未明确材料品牌、规格及型号；

（2）同等质量、规格及型号的材料或设备，由于档次不一，市场价格悬殊；

（3）某些专业工程需要二次设计才能确定金额；

（4）某些项目由于时间仓促，设计不到位。

二、暂估价的确认程序

根据 13 版《示范文本》的规定，暂估价的确认程序分为依法必须招标的暂估价项目和不属于依法必须招标的暂估价项目。

（一）依法必须招标的暂估价项目

对于依法必须招标的暂估价项目，可以采取两种方式确定暂估价供应商或分包人。一种是由承包人招标，另一种是由承包人和发包人共同招标。

（1）对于依法必须招标的暂估价项目，由承包人招标，对该暂估价项目的确认和批准按照以下约定执行：

①承包人应当根据施工进度计划，在招标工作启动前 14 天将招标方案通过监理人报送发包人审查，发包人应当在收到承包人报送的招标方案后 7 天内批准或提出修改意见。承包人应当按照经过发包人批准的招标方案开展招标工作；

②承包人应当根据施工进度计划，提前 14 天将招标文件通过监理人报送发包人审批，发包人应当在收到承包人报送的相关文件后 7 天内完成审批或提出修改意见；发包人有权确定招标控制价并按照法律规定参加评标；

③承包人与供应商、分包人在签订暂估价合同前，应当提前 7 天将确定的中标候选供应商或中标候选分包人的资料报送发包人，发包人应在收到资料后 3 天内与承包人共同确定中标人；承包人应当在签订合同后 7 天内，将暂估价合同副本报送发包人留存。

由承包人招标的暂估价项目确认的程序如图 7-4 所示。

图 7-4　依法必须招标项目的确认程序

（2）对于依法必须招标的暂估价项目，由发包人和承包人共同招标确定暂估价供应商或分包人的，承包人应按照施工进度计划，在招标工作启动前14天通知发包人，并提交暂估价招标方案和工作分工。发包人应在收到后7天内确认。确定中标人后，由发包人、承包人与中标人共同签订暂估价合同。

（二）不属于依法必须招标的暂估价项目

对于不属于依法必须招标的暂估价项目，可以采用以下三种方式进行确定：

（1）承包人应根据施工进度计划，在签订暂估价项目的采购合同、分包合同前28天向监理人提出书面申请。监理人应当在收到申请后3天内报送发包人，发包人应当在收到申请后14天内给予批准或提出修改意见，发包人逾期未予批准或提出修改意见的，视为该书面申请已获得同意；发包人认为承包人确定的供应商、分包人无法满足工程质量或合同要求的，发包人可以要求承包人重新确定暂估价项目的供应商、分包人；承包人应当在签订暂估价合同后7天内，将暂估价合同副本报送发包人留存。

（2）承包人应当根据施工进度计划，在招标工作启动前14天将招标方案通过监理人报送发包人审查，发包人应当在收到承包人报送的招标方案后7天内批准或提出修改意见。承包人应当按照经过发包人批准的招标方案开展招标工作。

（3）承包人直接实施的暂估价项目。承包人具备实施暂估价项目的资格和条件的，经发包人和承包人协商一致后，可由承包人自行实施暂估价项目，合同当事人可以在专用合同条款约定具体事项。

三、暂估价的价款调整方法

（一）依法必须招标的暂估价项目

（1）材料、工程设备暂估价。材料、工程设备属于依法必须招标的，由发承包双方以招标的方式选择供应商，确定其价格以此为依据取代暂估价，调整合同价款。

（2）专业工程暂估价。在建设项目的专业工程中其设计深度往往是不够的，一般需要交由专业设计人设计，出于提高可建造性考虑，国际上一般由专业承包人负责，已纳入其专业技能和专业施工经验。这类由专业分包人完成是国际工程的良好实践，目前在我国工程建设领域也已经比较普遍。13版《清单计价规范》中指出对于依法必须招标的专业工程应当由发承包双方组织招标选择专业分包人，其中：

①承包人不参加投标的专业工程的专业工程分包招标，应由承包人作为招标

116

人，但拟定的招标文件、评标方法、评标结果应报送发包人批准。与组织招标工作有关的费用应当被认为已经包括在承包人的签约合同价（投标总报价）中。

②承包人参加投标的专业工程的专业工程分包招标，应由发包人作为招标人，与组织招标工作有关的费用由发包人承担。同等条件下，应优先选择承包人中标。

③专业工程依法进行招标后，以专业工程分包中标价为依据取代专业工程暂估价，调整合同价款。

（二）不依法必须招标的暂估价项目

（1）材料、工程设备暂估价。材料和工程设备不属于依法必须招标的，由承包人按照合同约定采购，经发包人确认后以此为依据取代暂估价（在综合单价中只应取代原暂估单价，不应再在综合单价中涉及企业管理费或利润等其他费用的变动），调整合同价款。

（2）专业工程暂估价。专业工程不属于依法必须招标的，应按照第五章工程变更事件的合同价款调整方法，确定专业工程价款，并以此为依据取代专业工程暂估价，调整合同价款。

四、案例分析

（一）案例背景

北京市某安装工程（公共建筑，檐高 54m 以下）的材料暂估价要进行调整，依据北京市最新发布的取费标准：企业管理费费率 43.96%（计算基数为人工费）；利润率取 7%（计算基数为直接费 + 企业管理费）；措施费费率 2.79%（计算基数为分部分项合计）；规费费率 24.90%（计算基数为人工费合计）；税金按 3.4% 计算。

（1）按照材料最终确认价进入综合单价进行调整的方法：由于企业管理费和规费的计算基数均为人工费，与材料暂估价调整无关，不再考虑其影响。根据上述费率，得到调整系数 $R_1 = 1.07 \times 1.0279 \times 1.034 = 1.139$，即 1 万元的材料暂估价价差调整结果为 1.139 万元。

（2）按照调整材料暂估价价差及相应税金的方法：由于调整的只是暂估价的价差以及相应税金，即调整系数 $R_2 = 1.034$，即 1 万元的暂估价价差调整结果为 1.034 万元。

对比上述两种调整方法的调整系数，$R_1 - R_2 = 1.139 - 1.034 = 0.105$，即两种调整方法之间存在 10.5% 的差异。换言之，假设暂估价价差为 10 万元，则上述两种调整方法在实际工程中将会有 1.05 万元的差异。

（二）争议焦点

到底应该采取哪一种调价方式?

（三）争议解决

1. 解决结果

只调整暂估价价差以及相应税金，不涉及管理利润等取费的调整，采取第二种调整方法。

2. 解决依据

根据现行 13 版《清单计价规范》的规定，暂估材料或工程设备的单价确定后，在综合单价中只应取代原暂估单价，不应再在综合单价中涉及企业管理费或利润等其他费用的变动。

因此，应按发承包双方最终确认的材料单价调整材料暂估价价差只计取税金，即认同第二种调整方法，即只调整暂估价价差以及相应税金，不涉及管理利润等取费的调整。

第三节　法律变化

工程建设过程中，发承包双方都是国家法律、法规、规章和政策的执行者。因此，在合同的履行过程中，当国家的法律、法规、规章和政策发生变化引起工程造价发生增减变化时，发承包双方应当按照省级或行业建设主管部门或其授权的工程造价管理机构据此发布的规定调整合同价款。但是，如果有关价格（如人工、材料和工程设备等价格）的变化已经包含在物价波动事件的调价公式中，则不再予以考虑。

一、基准日的确定

为了合理划分发承包双方的合同风险，施工合同中应当约定一个基准日，对于基准日之后发生的、作为一个有经验的承包人在招标投标阶段不可能合理预见的风险，应当由发包人承担。对于实行招标的建设工程，一般以施工招标文件中规定的提交投标文件的截止时间前的第 28 天作为基准日；对于不实行招标的建设工程，一般以建设工程施工合同签订前的第 28 天作为基准日。

二、合同价款的调整方法

1. 合同价款调整的内容

（1）规费费率、与建设工程项目相关的税率及安全文明施工费费率调整

法律法规变化直接影响的是原工程报价中的规费费率和税率等，计价基数一般不发生变化。根据 13 版《清单计价规范》第 3.1.6 款的规定：规费和税金必须按国家或省级、行业建设主管部门的规定计算，不得作为竞争性费用。因此，

规费费率和税率的确定是依据国家主管部门颁布的法规，当新出台的法规规定对其调整时，发承包双方应按照相关的调整方法来进行合同价格的调整。根据 13 版《清单计价规范》第 3.1.5 款的规定：措施项目中的安全文明施工费必须按国家或省级、行业建设主管部门的规定计算，不得作为竞争性费用。

（2）省级或行业建设主管部门发布的政策性文件引起人工费的调整

人工费是指直接从事建筑安装工程施工的生产工人开支的各项费用，人工费的合理计取，是合理确定和有效控制工程造价的前提，同时能充分调动各方参与者的积极性，有利于促进工程建设的顺利实施，保证建设项目的质量。人工费按省级或行业建设主管部门发布的人工费调整文件进行调整。根据 13 版《清单计价规范》第 3.4.2 条第 2 款规定：省级或行业建设主管部门发布的人工费调整（投标报价中的人工费或人工单价高于发布的人工费或人工单价的除外），影响合同价款调整的，应由发包人承担。A.2.2 条规定：人工单价发生变化且符合上述的第 3.4.2 条第 2 款规定的条件时，发承包双方应按省级或行业建设主管部门或其授权的工程造价管理机构发布的人工成本文件调整合同价款。因此，当承包人的人工费报价小于新发布的人工成本信息，调整方法为调价差，即用新人工成本信息减去旧人工成本信息。当承包人的人工费报价大于新发布的人工成本信息时，不予调整。

（3）政府定价或政府指导价管理的原材料等价格调整

根据 13 版《清单计价规范》第 A.2.1 条规定：施工期内，因人工、材料、工程设备和机械台班价格波动影响合同价格时，人工、机械使用费按照国家或省、自治区、直辖市建设行政管理部门、行业建设管理部门或其授权的工程造价管理机构发布的人工成本信息、机械台班单价或机械使用费系数进行调整；需要进行价格调整的材料，其单价和采购数应由发包人复核，发包人确认需调整的材料单价及数量，作为调整合同价款差额的依据。由此可知，由政府定价或政府指导价管理的原材料等价格发生变化时，以调价差的方式调整相应的合同价款。

2. 由法律法规变化引起的合同价格调整的程序

13 版《示范文本》中对于由于法律法规引起的调整做出如下规定：基准日期后，法律变化导致承包人在合同履行过程中所需要的费用发生除市场价格波动引起的调整约定以外的增加时，由发包人承担由此增加的费用；减少时，应从合同价格中予以扣减。基准日期后，因法律变化造成工期延误时，工期应予以顺延。因法律变化引起的合同价格和工期调整，合同当事人无法达成一致的，由总监理工程师按商定或确定的约定处理。具体的调整程序如图 7-5 所示。

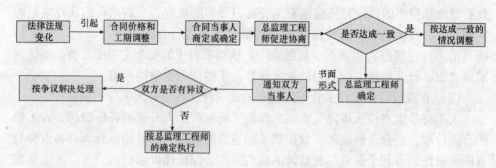

图 7-5　法律法规变化引起的调整程序

三、工期延误期间的特殊处理

根据 13 版《清单计价规范》第 9.2.2 条的规定：因承包人原因导致工期延误的，按招标工程以投标截止日前 28 天，非招标工程以合同签订前 28 天为基准日，在合同工程原定竣工时间之后，合同价款调增的不予调整，合同价款调减的予以调整。因此，因承包人原因导致工期延误而引起事件状态发生变化的，应遵违约者不获利原则，即因己方原因引起事件状态发生变化不能从事件状态变化中获得利益，应当风险自担。以基准日为界划分的风险分担如图 7-6 所示。

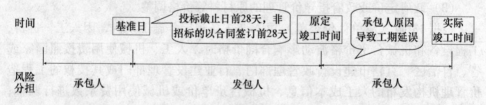

图 7-6　以基准日为界划分风险分担

如果由于承包人的原因导致的工期延误，在工程延误期间国家的法律、行政法规和相关政策发生变化引起工程造价变化的，造成合同价款增加的，合同价款不予调整；造成合同价款减少的，合同价款予以调整。

第八章　工程质量引起的施工合同价款调整

项目质量是构成项目价值的本源，所以任何项目质量的变动都会给工程造价带来影响并造成变化。国家对于工程质量一直要求严格，2000 年 1 月 30 日，国务院发布了第 279 号令《建设工程质量管理条例》，加强了对建设项目的质量管理要求。工程项目质量的形成是伴随着工程建设过程而形成的，质量管理涉及工程项目的各个阶段，其中工程项目施工阶段直接影响工程的最终质量，是工程质量控制的关键环节。

质量管理是制定和实施质量方针的全部管理职能。ISO 9000 将质量管理定义为：在质量方面指挥和控制组织的协调活动。通常包括确定质量方针和质量目标以及质量计划、质量控制、质量保证和质量改进。质量管理包括为实现质量目标而制定的战略规划、资源配备及其他与质量有关的系统活动，如质量策划、实施和评价等。

第一节　工程质量的要求和保证措施

一、工程质量要求

基于建设工程质量的重要性，国家设置了多部法律法规，例如《中华人民共和国合同法》、《中华人民共和国建筑法》等明确规定，建设工程项目必须经过竣工验收才能投入使用。13 版《示范文本》的颁布，进一步明确了对工程项目的质量要求，具体内容见表 8-1。建设工程质量必须要符合国家或者行业现行的质量验收规范和标准，例如《建筑工程质量验收统一标准》、《建筑装饰装修工程质量验收规范》等统一规定了建筑工程质量的验收方法以及质量标准和程序，明确了建筑工程各专业工程施工验收规范编制的统一标准和单位工程验收质量标准内容和程序，增加了建筑工程施工现场质量管理和质量控制要求，提出了质量检验的抽样方案，进而规定了建筑工程施工质量验收中子单位和子分部工程的划分，涉及建筑工程安全和主要功能的见证取样和抽样检测建筑工程各专业工程施工质量验收规范。验收规范既是承包人施工的依据，也是验收评价承包人施工质量是否合格的标准。

表 8-1　13 版《示范文本》关于质量要求条款说明

序号	说明	条款	13 版《示范文本》
1	基本要求	5.1.1	工程质量标准必须符合现行国家有关工程施工质量验收规范和标准的要求。有关工程质量的特殊标准或要求由合同当事人在专用合同条款中约定
2	发包人原因	5.1.2	因发包人原因造成工程质量未达到合同约定标准的，由发包人承担由此增加的费用和（或）延误的工期，并支付承包人合理的利润
3	承包人原因	5.1.3	因承包人原因造成工程质量未达到合同约定标准的，发包人有权要求承包人返工直至工程质量达到合同约定的标准为止，并由承包人承担由此增加的费用和（或）延误的工期

基于 13 版《示范文本》关于建设工程的质量要求，主要解决了以下三方面的内容：

（1）13 版《示范文本》更加注重保障建设工程质量和人民生命财产安全，增加了合同当事人可以在专用合同条款中对工程质量的特殊性标准或要求进行约定；

（2）解决了在施工实践中因发包人原因造成工程质量不符合约定标准的责任承担问题。发包人的建设工程质量义务主要有：应当将工程发包给有资质的建筑施工企业，保证设计没有缺陷，开工前办理工程质量监督手续，甲供材料的应确保材料、设备的质量等；

（3）明确了承包人原因造成工程质量不符合的责任承担问题。承包人的主要合同义务就是使工程质量达到合同约定标准，向发包人交付符合要求的工程。

二、工程质量保证措施

质量管理目标实施的保证体系是各方贯彻执行国家和各地行政主管部门颁布的质量方面的法律法规、标准、规范、规程和各项质量管理制度实施的组织保证。

1. 质量管理组织机构

质量管理组织机构设置是要明确质量管理部门及人员岗位职责、权限，建立包括各参建单位在内的项目质量管理制度。

2. 各参建单位职责

建立工程项目质量管理职责，是要明确各部门、人员在工程质量中所应承担的任务、职责、权限，做到各尽其职，各负其责，工作有标准。

（1）勘察单位必须按照工程建设强制性标准进行勘察，明确建设项目施工阶段的相关质量管理的勘察方面的法律责任，并对其勘察的质量负责。

（2）设计单位必须按照工程建设强制性标准进行设计，明确建设项目施工阶段的相关质量管理的设计方面的法律责任。应当及时出图，以满足工程进度需要，应当就审查合格的施工图设计文件向施工单位做出详细说明，并对其设计的质量负责。

（3）监理单位应当依照法律、法规以及有关技术标准、设计文件和建设工程承包合同，代表发包方对施工质量实施监理，首先需要明确建设项目施工阶段的相关质量管理的监理方面的法律责任。监理单位应当按照工程监理规范的要求，采取旁站、巡视和平行检验等形式，对建设工程实施监理，承担监理责任。

（4）施工单位在建设项目施工阶段必须按照工程设计要求、施工技术标准和合同约定进行施工，承担相应的施工法律责任，对建设工程的施工质量负责。

（5）材料供应单位首先必须按照国家建设工程相关规定承担其相应的法律责任，对其生产或供应的产品质量负责，所生产或供应的材料、构配件及设备质量应符合国家、行业现行的技术规定和合同规定的合格标准和设计要求。

13 版《示范文本》对发包人、承包人、监理人的质量管理进行了详细的规定，具体内容如表 8-2 所示。

表 8-2 13 版《示范文本》关于质量保证措施的规定

序号	说明	条款	13 版《示范文本》
1	发包人的质量管理	5.2.1	发包人应按照法律规定及合同约定完成与工程质量有关的各项工作
2	承包人的质量管理	5.2.2	承包人按照第 7.1 款"施工组织设计"约定向发包人和监理人提交工程质量保证体系及措施文件，建立完善的质量检查制度，并提交相应的工程质量文件。对于发包人和监理人违反法律规定和合同约定的错误指示，承包人有权拒绝实施
			承包人应对施工人员进行质量教育和技术培训，定期考核施工人员的劳动技能，严格执行施工规范和操作规程
			承包人应按照法律规定和发包人的要求，对材料、工程设备以及工程的所有部位及其施工工艺进行全过程的质量检查和检验，并作详细记录，编制工程质量报表，报送监理人审查。此外，承包人还应按照法律规定和发包人的要求，进行施工现场取样试验、工程复核测量和设备性能检测，提供试验样品、提交试验报告和测量成果以及其他工作
3	监理人的质量管理	5.2.3	监理人按照法律规定和发包人授权对工程的所有部位及其施工工艺、材料和工程设备进行检查和检验。 承包人应为监理人的检查和检验提供方便，包括监理人到施工现场，或制造、加工地点，或合同约定的其他地方进行察看和查阅施工原始记录。 监理人为此进行的检查和检验，不免除或减轻承包人按照合同约定应当承担的责任
			监理人的检查和检验不应影响施工正常进行。监理人的检查和检验影响施工正常进行的，且经检查检验不合格的，影响正常施工的费用由承包人承担，工期不予顺延；经检查检验合格的，由此增加的费用和（或）延误的工期由发包人承担

第二节 隐蔽工程检查

一、检查的基本程序

13 版《示范文本》对隐蔽工程的检查主要分为四个部分：承包人自检、隐蔽工程的检查程序、重新检验以及承包人私自覆盖这四个部分，详见表 8-3。

表 8-3 13 版《示范文本》中隐蔽工程检查的规定

序号	说明	条款	13 版《示范文本》
1	承包人自检	5.3.1	承包人应当对工程隐蔽部位进行自检，并经自检确认是否具备覆盖条件
2	重新检查	5.3.3	承包人覆盖工程隐蔽部位后，发包人或监理人对质量有疑问的，可要求承包人对已覆盖的部位进行钻孔探测或揭开重新检查，承包人应遵照执行，并在检查后重新覆盖恢复原状。经检查证明工程质量符合合同要求的，由发包人承担由此增加的费用和（或）延误的工期，并支付承包人合理的利润；经检查证明工程质量不符合合同要求的，由此增加的费用和（或）延误的工期由承包人承担
3	承包人私自覆盖	5.3.4	承包人未通知监理人到场检查，私自将工程隐蔽部位覆盖的，监理人有权指示承包人钻孔探测或揭开检查，无论工程隐蔽部位质量是否合格，由此增加的费用和（或）延误的工期均由承包人承担

隐蔽工程的检查承包人应先行自检，确认质量合格具备覆盖条件的，应书面通知监理人检查，因为承包人是工程的施工者，其应对工程的质量有最初的正确判断，只有在自检合格后才通知监理人检验。

隐蔽工程必须经监理人检查确认符合隐蔽要求，并在验收记录上签字后，承包人才能进行覆盖，进入下一道施工程序。同时，为了防止监理人故意拖延检查验收，13 版《示范文本》约定监理人既未按承包人通知期限检验又未提出延期要求的，视为隐蔽工程检查合格，承包人有自行覆盖的权利，以确保工期正常进行，从而防止产生不必要的损失。

在隐蔽工程覆盖后，发包人、监理人对质量存有疑问时，拥有重新检验的权利，即承包人应遵照监理人的要求对已经覆盖的部位进行钻孔或者揭开重新检查。经重新检验工程质量符合要求的，由发包人承担由此增加的费用和（或）延误的工期；经重新检验工程质量不符合要求的，由承包人承担由此增加的费用和（或）延误的工期。

隐蔽工程的质量通常会涉及工程主体结构等关键部位，隐蔽工程未经检验即覆盖进入下一道工序施工的危害极大，一旦出现质量问题，整改成本较高。13 版《示范文本》在 99 版的基础上，约定了隐蔽工程验收程序的每一个具体环节中的时间要求，如表8-4所示。这样既保证了隐蔽工程的质量标准，又防止了工期的延误。此外，更是赋予了监理人绝对的重新检验的权利，并且杜绝承包人私自覆盖的情形，进而避免了隐蔽工程缺陷造成整个工程安全和质量事故的发生。

表8-4　13版《示范文本》中隐蔽工程检查程序

序号	说明	条款	13版《示范文本》
1	对承包人的要求		除专用合同条款另有约定外，工程隐蔽部位经承包人自检确认具备覆盖条件的，承包人应在共同检查前48小时书面通知监理人检查，通知中应载明隐蔽检查的内容、时间和地点，并应附有自检记录和必要的检查资料
2	对监理人的要求	5.3.2	监理人应按时到场并对隐蔽工程及其施工工艺、材料和工程设备进行检查。经监理人检查确认质量符合隐蔽要求，并在验收记录上签字后，承包人才能进行覆盖。经监理人检查质量不合格的，承包人应在监理人指示的时间内完成修复，并由监理人重新检查，由此增加的费用和（或）延误的工期由承包人承担
			除专用合同条款另有约定外，监理人不能按时进行检查的，应在检查前24小时向承包人提交书面延期要求，但延期不能超过48小时，由此导致工期延误的，工期应予以顺延。监理人未按时进行检查，也未提出延期要求的，视为隐蔽工程检查合格，承包人可自行完成覆盖工作，并作相应记录报送监理人，监理人应签字确认。监理人事后对检查记录有疑问的，可按第5.3.3项〔重新检查〕的约定重新检查

为了保证施工合同的顺利履行，发包方和承包方尽可能根据项目管理水平在专用合同条款中约定监理人提出书面延期要求的时间，以保证隐蔽工程检验工作的顺利进行，保证施工合同的正常履行。

二、责任划分与费用的确定

根据13版《示范文本》对于隐蔽工程的规定，对于隐蔽工程不合格的责任由承包人或者发包人负责，具体责任划分如表8-5所示。

表8-5　13版《示范文本》中隐蔽工程不合格的责任划分与费用确定

责任方	原因	责任划分与费用的确定
承包人	隐蔽工程检查质量不合格	由此增加的费用和（或）延误的工期由承包人承担
	承包人私自覆盖	由此增加的费用和（或）延误的工期均由承包人承担
承包人／发包人	隐蔽工程重新检验	检验合格，由发包人承担由此增加的费用和（或）延误的工期，并支付承包人合理的利润； 检验不合格，由此增加的费用和（或）延误的工期由承包人承担
发包人	因发包人原因造成工程不合格的	由此增加的费用和（或）延误的工期由发包人承担，并支付承包人合理的利润

第三节　工程质量缺陷引起施工合同价款调整

一、不合格工程

根据13版《示范文本》对于不合格工程的规定，因承包人原因导致工程不合格的，应由承包人负责。因发包人擅自使用的，不合格工程由发包人承担。具体责任划分如表8-6所示。

表8-6　13版《示范文本》不合格工程的责任划分

条款号	责任方	责任划分与费用的确定
13.2.2（4）	承包人	竣工验收不合格的，监理人应按照验收意见发出指示，要求承包人对不合格工程返工、修复或采取其他补救措施，由此增加的费用和（或）延误的工期由承包人承担； 承包人在完成不合格工程的返工、修复或采取其他补救措施后，应重新提交竣工验收申请报告，并按本项约定的程序重新进行验收
13.2.2（5）	发包人	工程未经验收或验收不合格，发包人擅自使用的，应在转移占有工程后7天内向承包人颁发工程接收证书； 发包人无正当理由逾期不颁发工程接收证书的，自转移占有后第15天起视为已颁发工程接收证书

为避免不合格工程的出现，需要加强施工阶段质量控制。任何建设工程项目都是由分项工程、分部工程和单位工程所组成的，而工程项目的建设，则通过一道道工序来完成。工程项目施工阶段质量管理计划的实施也是质量控制的过程，其质量控制是从工序质量到分项工程质量、分部工程质量、单位工程质量的控制过程，以原材料的质量控制开始，达到完成各项工程质量目标为止的质量控制过程。为确保工程质量，对施工的全过程进行质量管理监督、控制与检查，按照施工过程前后顺序将过程控制划分为事前、事中、事后质量控制，施工阶段质量控制一览表如表8-7所示。

表8-7　施工阶段质量控制一览表

控制阶段	控制环节	控制要点	主要控制内容	控制依据	工作要求
施工阶段事前控制	设计交底	图纸文件自审	图纸资料是否齐全，能否满足施工需要	施工阶段图纸及技术文件	自审记录
		设计交底	了解设计意图，提出问题	施工阶段图纸及技术文件	设计交底记录文件
	图纸会审	图纸会审	对图纸的完整性、准确性进行会审	施工阶段图纸及技术文件	图纸会审记录

续表

控制阶段	控制环节	控制要点	主要控制内容	控制依据	工作要求
施工阶段事前控制	编制施工工艺文件	施工组织设计	按企业标准编制施工组织设计会审	施工图及国家技术验收规范	批准的施工组织设计
	施工材料机具设备	专项施工方案	组织审批	施工图及国家技术验收规范	批准的专项施工方案
		各专业提交需用计划	审核报批	规范、定额	批准的材料预算及机具计划
	材料设备进场	材料设备进场计划	编制材料、设备平衡计划，组织计划	材料预算	计划表
	技术交底	材料验收	审核材料质保书清查数量	合同、材料预算	材料验收表
		材料保管	分类堆放建账建卡	供应计划	进料单
		材料堆放	核对名称、规格、型号、材质合格证	限额领料卡	发料单
		技术总交底、分专业交底	组织	施工图、验收规范评定标准	技术交底
	施工机具准备	机具确定和进场	审核机具规格、型号和保养情况	施工准备计划	准备的计划书
施工阶段事中控制	轴线标高	地下室及各楼层的轴线标高	轴线、标高位置	图纸、标准	测量放线定位记录
	材料代用	材料代用	工艺审查理论验算	图纸、规范	三方签订的代用通知书
	基础工程	基础验槽	地质情况、基槽尺寸，组织验收	图纸、规范	验槽记录
		地下室模板	支模方法、刚度，几何尺寸、位置标高	施工组织设计	原始记录，混凝土质量
		防水混凝土施工	混凝土配合比、外加剂，施工缝施工监制	施工组织设计	混凝土质量，抗渗等级报告
		钢筋制作与绑扎	规格、品种、尺寸、对焊配置数量，焊接长度，保护层	图纸、规范标准	复核隐蔽工程验收报告

127

续表

控制阶段	控制环节	控制要点	主要控制内容	控制依据	工作要求
施工阶段事中控制	基础工程	地下室防水层	涂刷遍数、面积，材料配置，涂刷均匀，保护层	施工方案	复核隐蔽工程验收报告
		基础验收	设计规范要求，验收资料复测记录	施工图、规范	核验记录
		回填土	分层厚度、含水率、干密度	施工方案	回填土试验报告
	主体工程	模板工程	支模方法、刚度、稳定性，几何尺寸、标高	模板施工方案	质检记录
		钢筋工程	审查材料合格证及检测报告，复核规格、尺寸、焊接、数量、保护层等质量	图纸、规范标准	隐蔽工程验收记录
		混凝土验收	按程序施工，确保施工质量，实施现场监督	施工验收规范	各项原始记录质量评定
		砌体工程	砂浆饱满、墙体平整度、垂直度	施工验收规范	各项原始记录质量评定
	楼地面工程	地板砖地面	按质量体系运转，材料质量，平整度、缝隙	施工方案	各项原始记录质量评定
	屋面工程	防水层施工	防水材料，施工工艺	规范，施工方案	施工记录
	装饰工程	外墙装饰内墙抹灰涂料	样板开路，细部做法，观感质量	操作规程验收标准	质量评定
	门窗工程	门窗安装	材料及安装质量	操作规程验收标准	质量评定
施工阶段事后控制	工程竣工验收	竣工验收资料整理	审核竣工验收资料，认可工程质量等级，签发验收报告	验收规范	竣工资料
		办理交工	组织验收，提出交工文件，资料归档	施工图、上级文件	交工资料

二、不合格材料与工程设备

13 版《示范文本》规定了严禁使用不合格材料和工程设备，对于使用不合格材料和工程设备的责任划分如表 8-8 所示。

表 8-8　13 版《示范文本》中关于使用不合格材料与工程设备的责任划分

条款号	责任方	责任划分与费用的确定
8.5.1	承包人	监理人有权拒绝承包人提供的不合格材料或工程设备，并要求承包人立即进行更换。监理人应在更换后再次进行检查和检验，由此增加的费用和（或）延误的工期由承包人承担
8.5.2	承包人	监理人发现承包人使用了不合格的材料和工程设备，承包人应按照监理人的指示立即改正，并禁止在工程中继续使用不合格的材料和工程设备
8.5.3	发包人	发包人提供的材料或工程设备不符合合同要求的，承包人有权拒绝，并可要求发包人更换，由此增加的费用和（或）延误的工期由发包人承担，并支付承包人合理的利润

第九章　施工工期与进度引起的施工合同价款调整

第一节　施工进度计划

施工组织设计是指以施工项目为对象编制的，用以指导施工的技术、经济和管理的综合性文件。是对拟建工程在人力和物力、时间和空间、技术组织等方面所做的全面、合理的安排。承包人为保证其拟建工程的顺利进行，需要结合其拟建工程的实际状况，在建设工程项目公开前，编制出尽量符合工程项目的复杂性和特殊性，在施工技术上先进且具有可操作性、在经济上合理、在施工组织管理上科学有效，指导施工全过程的经济技术性文件。此外，需保持施工生产的连续性、均衡性及协调性，进而实现生产活动的最优经济效果。

一、施工组织设计的基本内容及分类

（一）施工组织设计的内容

建筑施工企业在编制施工组织设计时应采取安全措施，《中华人民共和国建筑法》第38条明文规定："建筑施工企业在编制施工组织设计时，应当根据建筑工程的特点制定相应的安全技术措施；对专业性较强的工程项目，应当编制专项安全施工组织设计，并采取安全技术措施"。其中"安全技术措施"，是指在编制的施工组织设计中，为了防止发生人身伤亡和财产损失事故以及预防职业病，针对建筑工程的特点、施工方法、使用的机械、动力设备及现场道路、周围环境等条件所制定的相应安全技术措施。

13版《示范文本》规定施工组织设计包括以下9个方面：

（1）施工方案；

（2）施工现场平面布置图；

（3）施工进度计划和保证措施；

（4）劳动力及材料供应计划；

（5）施工机械设备的选用；

（6）质量保证体系及措施；

（7）安全生产、文明施工措施；

（8）环境保护、成本控制措施；

（9）合同当事人约定的其他内容。

其中，第（1）至（2）项主要是基于技术层面上确保工程项目的顺利实施，第（3）至（5）项主要是基于施工的进度安排计划、劳动力的供给及施工现场等方面确保项目的正常施工，第（6）至（8）项主要是确保工程项目符合相关的法律法规政策及合同的要求，第（9）项为合同当事人约定的其他内容。施工组织设计的其他内容包括：①工程概况和工程特点的说明；②施工机械的进场计划；③冬季和雨季等特殊施工条件下的施工措施；④地下管线及其他地上地下设施的加固措施；⑤降低成本等技术组织措施和主要的技术经济指标等。

1. 施工方案

施工方案是指工、料、机等生产要素的有效结合方式。施工方案是编制施工组织设计首先要确定的问题，是决定其他内容的基础。施工方案的优劣，在很大程度上取决于施工组织设计的质量和施工任务完成的好坏。

施工方案包括组织机构方案（各职能机构的构成、各自职责、相互关系等）、人员组成方案（项目负责人、各机构负责人、各专业负责人等）、技术方案（进度安排、关键技术预案、重大施工步骤预案等）、安全方案（安全总体要求、施工危险因素分析、安全措施、重大施工步骤安全预案等）、材料供应方案（材料供应流程、接保检流程、临时（急发）材料采购流程等），此外，根据项目大小还有现场保卫方案、后勤保障方案等。施工方案是根据项目确定的，有些项目简单、工期短就不需要制定复杂的方案。

（1）制定和选择施工方案的基本要求。制定和选择施工方案的基本要求应满足：

①切实可行性；

②施工工期期限满足国家要求；

③确保工程质量和生产安全；

④施工费用最低化。

（2）施工方案的基本内容。施工方案的基本内容概括起来，主要有以下四个方面：

①施工方法的选择与确定；

②施工机具的选择；

③施工顺序的安排；

④流水施工的组织。

2. 施工现场平面布置图

施工现场平面布置图是根据拟建项目各类工程的分布情况，对项目施工全过程所投入的各项资源和工人的生产、生活活动场地做出统筹安排，通过施工现场平面布置图或总布置图的形式表达出来，它是施工组织设计在空间上的体现。施工场地是施工生产的必要条件，应合理安排施工现场。

3. 施工进度计划

施工进度计划是施工组织设计在时间上的体现。进度计划是组织与控制整个工程进展的依据，是施工组织设计中关键的内容。施工组织进度计划的编制要采用先进的组织方法和计划理论以及计算方法，综合平衡进度计划，规定施工的步骤和时间，以期达到各项资源在时间、空间上的合理利用，并满足既定的目标。

施工进度计划包括划分施工过程、计算工程量、计算劳动量、确定工作天数和工人人数或机械台班数，编制进度计划表及检查与调整等项工作。

（二）施工组织设计分类

根据施工组织设计文件形成的不同阶段、编制对象和范围的不同，目前有以下两种不同形式的施工组织设计：

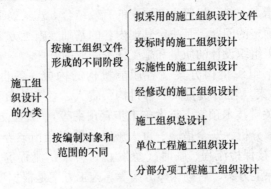

图 9-1　施工组织设计分类

二、施工进度计划的编制依据与要求

施工进度计划是在一定的施工方案的基础上，在时间和施工顺序上做出安排，以最少的劳动力、机械和技术物质资源，保证在规定工期内完成质量合格的工程任务；是控制单位工程的施工进度；施工进度计划确定单位工程的各个施工过程的施工顺序、施工持续时间以及相互衔接和穿插的配合关系。

1. 施工进度计划编制依据

施工进度计划的编制依据主要包括：

（1）经过审批的建筑总平面图、地形图、单位工程施工图、工艺设计图、设备及其基础图等有关设计图纸，采用的标准图及技术资料；

（2）施工组织总体设计对本工程的要求以及施工总进度计划；

（3）规定的工期及开工、竣工日期；

（4）施工条件：劳动力、材料、构件及机械的供应条件，分包单位的情况等；

（5）主要分部分项工程的施工方案；

（6）劳动定额及机械台班定额等施工定额；

（7）其他相关资料及要求。

2. 施工进度计划编制的要求

（1）统筹兼顾。编制施工进度计划是一项系统工程，需要对项目建设所涉及的各方面进行统筹考虑与科学安排。对于一些大型、特大型工程项目的实施，其施工进度计划甚至会影响到国家有关经济计划的落实。作为项目管理者尤其是项目经理，对此要有充分的认识，应积极参与并支持项目施工进度计划的编制工作。项目计划管理人员要从有利于整个项目流畅实施的高度，组织编制施工进度计划。为此，要充分发挥员工的聪明才智，利用计划编制分析工具，对项目的实施做出较为透彻与客观的分析，统筹安排并协调好各子项目的实施计划，深入研究、分析、对比重要进度控制点的实现程度及可靠性，以期最终实现对项目整体目标的控制。

（2）重视信息反馈在计划调整中的作用。实现项目进度控制是进度计划管理的真正目的，企业化的项目计划编制与严格按计划执行是实现项目进度控制的唯一出路。为了实现这一目的，编制出全面系统的项目实施计划（包括建安施工、技术设计、重大设备材料供应、系统调试、验收、培训及试运行、劳动力及主要设备材料资源等内容）是基础。项目实施过程中严格按计划实施、定期及时反馈实际情况、认真对比分析、酌情调整计划是手段。随着计划进度控制理论和手段的进步，以及经验资料的充分积累，短时间内对项目的实施做出较详尽的计划已经可以实现。现在施工进度计划可以做得非常细致，可以使得计划模型几乎等于虚拟现实，从而能对项目的实施进行充分的事前分析。

3. 施工进度计划的编制及修订

（1）施工进度计划的编制。承包人应按照施工组织设计的约定提交详细的施工进度计划，施工进度计划的编制应当符合国家法律法规规定和一般工程实践惯例，施工进度计划经发包人批准后实施。

施工进度计划是控制工程进度的依据，发包人和监理人有权按照施工进度计划检查工程进度情况，并以此判断承包人是否构成工程进度拖延，以及以工程进度作为追究承包人法律责任的依据。

（2）施工进度计划的修订。施工进度计划不符合合同要求或与工程的实际进度不一致的，承包人应向监理人提交修订的施工进度计划，并附有关措施和相关资料，由监理人报送发包人。除专用合同条款另有约定外，发包人和监理人应在收到修订的施工进度计划后 7 天内完成审核和批准或提出修改意见。

需要注意的是，发包人和监理人对承包人提交的施工进度计划的确认，不能减轻或免除承包人根据法律规定和合同约定应承担的任何责任或义务。

三、施工组织总设计编制程序

施工组织总设计是以整个建设项目或群体工程为对象，根据初步设计图纸和有关资料及现场施工条件为对象，根据初步设计图纸和有关资料及现场施工条件编制，用以指导全工地各项施工准备和组织施工的技术经济的综合性文件。施工组织总设计的编制程序如图 9-2 所示。

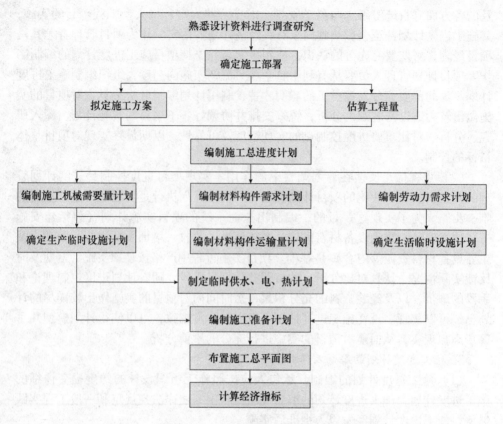

图 9-2 施工组织总设计编制程序

第二节 工期延误

工程项目建设影响因素错综复杂。发包与承包双方在签订施工合同时，要考虑到各综合因素尽可能约定合理的工期。客观上，受多因素影响，工期延误不可避免。工作中，需要确定是否存在工期延误，并判断确认是承包人还是发包人原因造成的延误，分清责任予以恰当处置。同时，双方应共同确定好开工及竣工日期，创造良好开工条件，及时办理变更签证，妥善保存签字确认工期延误的书面资料，以利于工期延误产生施工合同纠纷的圆满解决。工期延误是导致工程项目进度、质量和投资目标失控，以及项目建设各方发生纠纷的重要原因之一。

一、工期延误的概念

工期延误又称延误工期，是合同履行期间常见的一种现象，对合同当事人的权利义务产生重大影响。13 版《示范文本》对工期延误的责任进行了准确划分，并做出相应的处理规则。《最高人民法院关于审理建设工程施工合同纠纷案件适用法律问题的解释》（法释〔2004〕第14号）第14条：当事人对建设工程实际竣工日期有争议的，按照以下情形分别处理：（1）建设工程经竣工验收合格的，以竣工验收合格之日为竣工日期；（2）承包人已经提交竣工验收报告，发包人拖延验收的，以承包人提交验收报告之日为竣工日期；（3）建设工程未竣工验收，发包人擅自使用的，以转移占有建设工程之日为竣工日期。

二、工期延误产生的原因

依据13版《示范文本》将导致工期延误的原因归为两方面：

1. 因发包人原因导致工期延误

一般情况下因发包人原因引起的工期延误的情形，主要表现为发包人迟延取得施工所需的许可或批准，未能及时按照约定提供施工场地、图纸，提供的基础资料等文件错误，建设资金支付不到位，迟延批复承包人的文件，发包人提供的材料、设备未能按照期限提供。

在合同履行过程中，因下列情况导致工期延误和（或）费用增加的，由发包人承担由此延误的工期和（或）增加的费用，且发包人应支付承包人合理的利润。

（1）发包人未能按合同约定提供图纸或所提供图纸不符合合同约定的；

（2）发包人未能按合同约定提供施工现场、施工条件、基础资料、许可、批准等开工条件的；

（3）发包人提供的测量基准点、基准线和水准点及其书面资料存在错误或疏漏的；

（4）发包人未能在计划开工日期之日起7天内同意下达开工通知的；

（5）发包人未能按合同约定日期支付工程预付款、进度款或竣工结算款的；

（6）监理人未按合同约定发出指示、批准等文件的。

2. 因承包人原因导致工期延误

因承包人原因造成工期延误的主要原因包括：劳动力、材料、设备和资金的组织以及对分包单位的管理不到位，及因施工质量、安全问题被责令返工、停工等。因承包人原因造成的工期延误可以在专用合同条款中约定逾期竣工违约金的计算方法和逾期竣工违约金的上限。承包人支付逾期竣工违约金后，不免除承包人继续完成工程及修补缺陷的义务。

三、工期延误与工期顺延的关系

工期延误与工期顺延是两个不相同的概念，工期延误是指工期的拖延，如按照原定的工期要求为1年，但由于某特殊原因造成2年才完成，则拖延了1年。工期顺延又称顺延工期，是指由于发包人的原因或其他非承包人的原因造成的工期延误，对延误的工期予以顺延，按照顺延后期限重新规定工期，确保承包人实际施工的工期不低于合同约定的工期总日历天数。

四、工期顺延的方法

工期顺延的方法有以下两种情形：

（1）因发包人原因未能按计划开工日期开工时的工期顺延。发包人因按照实际开工日期顺延竣工日期，确保实际工期不低于合同约定的工期总日历天数。是否逾期竣工以及竣工天数，应根据调整后的竣工日期进行确定。

（2）因承包人原因。承包人虽按照计划开工日期开工，但开工后施工过程中因发包人原因导致工期延误的情况下，虽然计划开工日期与实际开工日期一致，但也可通过顺延竣工日期的方法实现工期顺延的目的。

五、工期延误的其他情形

因发包人原因未按计划开工日期开工的，发包人应按实际开工日期顺延竣工日期，确保实际工期不低于合同约定的工期总日历天数。因发包人原因导致工期延误需要修订施工进度计划的，按照"施工进度计划的修订"执行。

因发包人原因导致工期延误的其他情形，主要包括以下几种情形：发包人未能按照约定移交施工场地给承包人；发包人的原因导致的暂停施工；设计变更增加的工程量；发包人指定分包工程引起的工期延误。

第三节　暂停施工

暂停施工也称为"中止施工"，因建设工程项目自身所特有的建设周期长、施工技术复杂、参与主体及利益相关者众多等主观因素以及在合同签订时无法预料的客观因素，在实际工程建设中会出现暂停施工的情形。暂停施工的出现会导致工期进度的滞后，建筑主体的质量安全以及安全隐患，进而损害发承包双方的经济效益。

一、暂停施工的分类

实际工程项目建设过程中，引起暂停施工的因素种类繁多。为了防止在合同履行过程中因暂停施工而引起不必要的纠纷，13 版《示范文本》明确了发承包双方对暂停施工所应承担的责任以及因暂停施工而导致的停工、复工的时间约束。此外，对造成暂停施工的责任及损失赔偿和工期延误等进行了明确。依据13 版《示范文本》将造成暂停施工的原因分为两类：一是因发包人原因引起的暂停施工；二是因承包人原因引起的暂停施工。

1. 发包人原因引起的暂停施工

（1）因发包人原因引起暂停施工的主要内容，主要包括：

①发包人违法；

②发包人违约。如发包人订购的施工材料未能及时到货、未能按时完成后续施工的现场；

③其他原因。如设计变更、建筑工程施工材料供应的不及时、关键线路上的隐蔽工程不能及时验收等。

（2）因发包人原因引起暂停施工的程序处理。因发包人原因引起暂停施工的，监理人经发包人同意后，应及时下达暂停施工指示。情况紧急且监理人未及时下达暂停施工指示的，按照紧急情况下的暂停施工执行。因发包人原因引起的暂停施工，发包人应承担由此增加的费用和（或）延误的工期，并支付承包人合理的利润。发包人原因引起暂停施工的程序处理如图9-3所示。

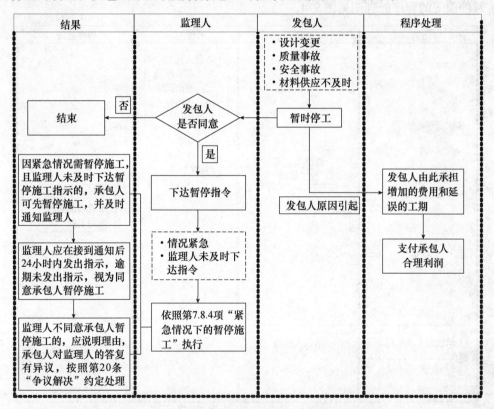

图9-3　发包人原因引起暂停施工的程序处理图

2. 承包人原因引起的暂停施工

（1）因承包人原因引起暂停施工的主要内容，主要包括：

①承包人违约。因承包人违约而引起的暂停施工；

②因承包人需要。在实际工程项目中承包人为完成项目可合理进行施工和所必需的安全需要所必需的暂停施工；

③其他原因。如建筑主体质量事故、安全事故等；

④补充条款约定。在合同补充条款中约定的由承包人承担的其他暂停施工的情形；

⑤承包人私自暂停施工。

（2）因承包人原因引起暂停施工的程序处理。因承包人原因引起的暂停施工，承包人应承担由此增加的费用和（或）延误的工期，且承包人在收到监理人复工指示后84天内仍未复工的，视为承包人违约，承包人无法继续履行合同的情形。根据《合同法》第94条规定，可以认定承包人构成根本违约，发包人即可主张解除合同，并另行委托第三方完成未完成工程的施工。承包人原因引起暂停施工的程序处理图见图9-4。

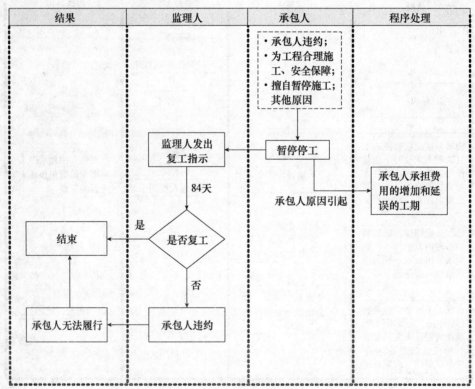

图9-4 承包人原因引起暂停施工的程序处理图

（3）因承包人原因引起暂停施工的复工问题。因承包人原因引起暂停施工的复工问题主要是指承包人擅自停工，且承包人在收到监理人通知后84天内仍未能复工。依据《合同法》第94条规定，当事人一方迟延履行主要债务，经催告后在合理期限内仍未履行的，视为承包人构成根本违约，发包人有权按照承包人违约情形的约定提出解除合同。

承包人可以无故停工84天（约三个月），在84天之后发包人为了维护自身的权益可有权解除合同，但工程项目的工期得到延误。若追究损失还将面临损失认定问题。若合同当事人对合同中所规定的84天时间不认可，则合同当事人可在专用合同条款中做出特别的约定。

二、因暂停施工造成损失的分类

暂停施工会给发承包双方造成不必要的损失，严重阻碍合同的履行。因暂停施工造成的损失如图9-5所示。

其中，涨价损失的计算最为复杂，一般需要有完整的施工组织设计、进度计划和现场实际管理记录等方面的资料方可完成，因此需要承包人在项目管理过程中预留相应的记录和文件资料。

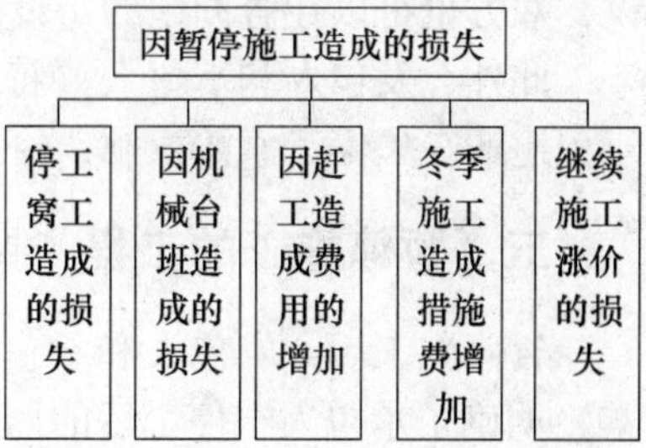

图9-5 因暂停施工造成损失的分类

三、指示暂停施工

监理人应在获得发包人的批准之后发出暂停施工，然而在实际工程项目中通常会在特定的环境中发生特殊的事情，或在某些紧急的情况下监理人认为有必要时，并经发包人批准后，可向承包人做出暂停施工的指示，承包人应按监理人指示暂停施工。

四、暂停施工的责任承担

1. 暂停施工的责任范围

暂停施工一方面会导致工期的延误，会产生工期责任；另一方面会导致费用的增加。对于工期责任，如果是因发包人原因导致暂停施工的，应当顺延工期；如果是因承包人原因导致暂停施工的，则不能顺延工期，承包人应当承担赶工的费用，承包人未能在合同约定的竣工日期竣工的，还应当依据合同的约定及法律的规定承担工期延误的违约责任。对于暂停施工引起的费用承担问题，因发包人原因引起的暂停施工，发包人应承担由此增加的费用并支付承包人合理的利润；因承包人原因引起的暂停施工，承包人应承担由此增加的费用。对于因暂停施工造成的损失范围，一般包括停窝工损失、机械台班损失、赶工的费用增加、冬季措施费的增加、继续施工的涨价损失等。

2. 暂停施工期间的费用损失计算问题

因承包人原因引起的暂停施工，由其自行承担相应的损失，无权向发包人索赔，故承包人自身不涉及到损失的计算问题。当然，如果因此给发包人造成损失，则发包人有权向承包人追索。在发包人原因引起暂停施工的情况下，承包人可依据合同约定或法律规定向发包人主张相关费用。对于费用的计算问题，有两点特别需要承包人予以关注和研究。

（1）对于暂停施工造成的损失中的涨价损失，其计算最为复杂，一般需要有完整的施工组织设计、进度计划和现场实际管理记录等方面的资料方可完成。

（2）由于停工期间设备和人员仅是闲置，并未实际投入工作，发包人一般不会同意按照工作时的费率来支付闲置费。为了保证停工期间的损失能够得到最终认定，承包人应做好停工期间各项资源投入的实际数量、价格和实际支出的记录，并争取得到监理人或发包人的确认，以作为将来索赔的依据。为了避免争议，双方也可以在合同中约定设备和人员闲置费的补偿标准。

此外，发包人和承包人要特别注意 13 版《示范文本》对索赔期限的约定，避免逾期丧失停工索赔权利，停工期限较长的应分阶段发出停工索赔报告。

五、暂停施工的工程"照管"

暂停施工后，发包人和承包人应采取措施，防止损失扩大。13 版《示范文本》明确了承包人在停工后的照顾、看管、保护义务，以及停工期间发包人和承包人采取措施确保工程质量和安全的义务。与 1999 版示范文本相比，13 版《示范文本》对暂停施工期间的工程照管、安保措施及费用承担的约定更为详细。

暂停施工后，施工合同并未解除，合同当事人仍需按照施工合同约定履行合同义务。承包人仍然为项目总承包方，因此承包人仍应按照《中华人民共和国建筑法》第 45 条和有关法律规定以及合同约定负责工程的"照管"，避免因暂停施工影响工程安全或使其受到破坏，承包人由此发生的"照管"费用由造成暂停施工的责任方承担。其次，暂停施工期间，合同当事人均有义务采取必要的措施保证工程质量安全，防止暂停施工扩大损失。

对于承包人来说，需特别予以注意的是，即使非因承包人过错引起停工，根据诚实信用原则，承包人也应当积极主动地履行工程照顾义务。若承包人未尽照顾保护义务，则无权要求责任方补偿因此支出的费用，同时还需承担扩大部分的损失。根据《建筑法》规定，实行施工总承包的，总承包单位应负责施工现场安全，因此总承包人不能免除停工后的工程照顾、看管、保护义务。对于发包人来说，因工程质量、安全或减损需要，应由发包人配合的事务，发包人应积极配合完成，否则应对扩大部分的损失承担责任。

第四节　提前竣工

工程实践中，发包人会基于一定的经营目的，可能要求承包人提前竣工。然而，并不是所有的情况下提前竣工必定符合发包人的合同目的和管理目的。此外，合同当事人为提前竣工，有时会出现不合理的压缩工期的情形，进而产生工程质量和安全问题，因此有必要对提前竣工的行为在一定范围内予以限制，以保证工程质量和安全。

一、提前竣工的概念

提前竣工也称为"赶工"，主要是指建设工程项目实际的竣工日期早于计划的竣工日期。在实际工程项目中，发包人为保证自身利益最大化，往往要求承包人提前竣工。然而，由于发包人仅基于自身的经营目的而没有考虑整体的大环境，经常会出现提前竣工不能符合发包人的管理目的。此外，在合同履行过程中，合同当事人为提前竣工，有时会不合理地压缩施工工期，进而引发质量和安全问题。因此，对提前竣工在一定范围内的限制是很有必要的。99 版与 13 版《示范文本》关于提前施工的对比见表 9-1。

表 9-1　99 版《示范文本》与 13 版《示范文本》关于提前竣工的对比

条款号	13 版《示范文本》	条款号	99 版《示范文本》
7.9.1	发包人要求承包人提前竣工的，发包人应通过监理人向承包人下达提前竣工指示，承包人应向发包人和监理人提交提前竣工建议书，提前竣工建议书应包括实施的方案、缩短的时间、增加的合同价格等内容。发包人接受该提前竣工建议书的，监理人应与发包人和承包人协商采取加快工程进度的措施，并修订施工进度计划，由此增加的费用由发包人承担。承包人认为提前竣工指示无法执行的，应向监理人和发包人提出书面异议，发包人和监理人应在收到异议后 7 天内予以答复。任何情况下，发包人不得压缩合理工期	14.1	承包人必须按照协议书约定的竣工日期或工程师同意顺延的工期竣工
7.9.2	发包人要求承包人提前竣工，或承包人提出提前竣工的建议能够给发包人带来效益的，合同当事人可以在专用合同条款中约定提前竣工的奖励	14.2	因承包人原因不能按照协议书约定的竣工日期或工程师同意顺延的工期竣工的，承包人承担违约责任
—		14.3	施工中发包人如需提前竣工，双方协商一致后应签订提前竣工协议，作为合同文件组成部分。提前竣工协议应包括承包人为保证工程质量和安全采取的措施、发包人为提前竣工提供的条件以及提前竣工所需的追加合同价款等内容

13 版《示范文本》弥补了 99 版《示范文本》中对提前竣工的程序、费用承担等问题描述不足的缺陷。

二、赶工费用和赶工补偿的区别

为了保证工程的质量，承包人除了根据标准规范、施工图纸进行施工外，还应当按照科学合理的施工组织设计，按部就班地进行施工作业。《建设工程质量管理条例》第十条规定："建设工程发包单位不得迫使承包方以低于成本的价格竞标，不得任意压缩合理工期"。据此，发包人应当依据相关工程的工期定额合理计算工期，压缩的工期天数不得超过定额工期的 20%，超过的，应在招标文件中明示增加赶工费用。其中，赶工费用和赶工补偿的关系如图 9-6 所示。

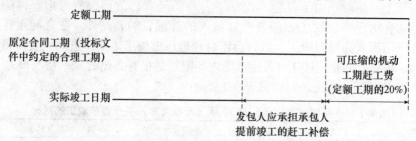

图 9-6　赶工费用和赶工补偿的关系

赶工费用是固定的，在合同签约之前，依据招标人要求压缩的工期天数是否超过定额工期的 20% 来确定，在招标文件中已有明示是否存在赶工费用。赶工补偿费是在合同签约之后，因发包人要求合同工程提前竣工，承包人因此不得不投入更多的人力和设备，采用加班或倒班等措施压缩工期，这些赶工措施可能造成承包商大量的额外花费，为此承包商有权获得直接和间接的赶工补偿。

三、提前竣工的程序

依据 13 版《示范文本》的规定，提前竣工的程序如图 9-7 所示。

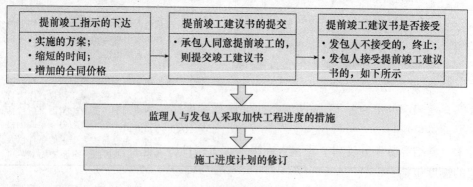

图 9-7　提前竣工的程序

四、提前竣工（赶工补偿）的价款调整方法

1. 压缩工期

招标人应根据相关工程的工期定额合理计算工期，压缩的工期天数不得超过定额工期的20%，超过者，应在招标文件中明示增加赶工费用，如图9-8所示。

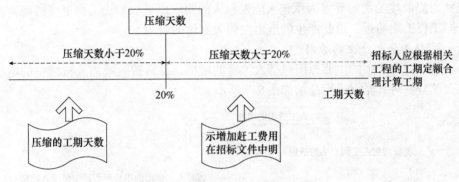

图9-8　增加赶工费用幅度示意图

压缩工期的条文规定是13版《清单计价规范》中新增加的内容，为承包人要求提前竣工及赶工补偿的行为提供全面参照标准和管理约束。压缩工期的天数不得超过定额工期的20%，这样将工期压缩范围进行量化管理的做法，规范了发包人关于压缩工期的要求和做法，并明确：当压缩工期天数超过定额工期20%时，赶工的费用必须在招标文件中明示。

2. 发包人要求提前竣工及费用承担

发包人要求提前竣工及费用承担的情形，13版《清单计价规范》第9.11.2条规定发包人要求合同工程提前竣工，应征得承包人同意后与承包人商定采取加快工程进度的措施，并修订合同工程进度计划。发包人应承担承包人由此增加的提前竣工（赶工补偿）费。发包人要求合同工程的提前竣工必须以征得承包人同意为前提，并且发包人必须与承包人商定采取加快工程进度的措施，这个过程实际上是发包人对承包人采取加快工程进度或提前竣工所采取措施的一种审核与确认，便于措施实施后工程的计量和确认。

3. 提前竣工补偿额度的确定

提前竣工补偿额度13版《清单计价规范》规定：发承包双方应在合同中约定提前竣工每日历天应补偿额度，此项费用作为增加合同价款，列入竣工结算文件中，与结算款一并支付。承包人在提前竣工每日历天应补偿的额度，其中应补偿的额度包括：

（1）人工费用的增加；

（2）材料费的增加；

（3）机械费用的增加。

五、提前竣工（赶工）费用的计算

1. 提前竣工费定义的构建

承包人采取提前竣工的同时会伴随提前竣工费的产生，13 版《清单计价规范》对提前竣工费的界定为承包人应发包人的要求而采取加快工程进度措施，使合同工程工期缩短，由此产生的应由发包人支付的费用。

2. 超工费用产生的原因

超工费用产生的主要原因包括人工费的增加、材料费的增加及机械费的增加三大部分。对其原因进行总结如图 9-9 所示。

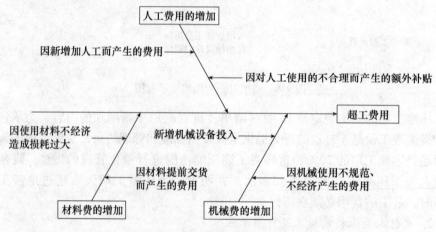

图 9-9　赶工费用产生原因鱼刺图

13 版《清单计价规范》中条文说明规定发包人应承担承包人由此增加的提前竣工费，除合同另有约定外，提前竣工补偿的金额可为合同价款的 5%。

$$提前竣工（赶工）费用 = 签约合同价款 × 5\% \tag{9-1}$$

六、提前竣工奖励

发包人要求承包人提前竣工，或承包人提出提前竣工的建议能够给发包人带来效益的，合同当事人可以在专用合同条款中约定提前竣工的奖励。承包人为了提前竣工增加的费用除由发包人承担外，承包人还可以要求发包人支付提前竣工的奖励或赶工奖励，奖励的具体数额或计算方法由发包人和承包人在专用条款中予以约定。

提前竣工的奖励一般可以采用以下两种方式进行约定：

（1）每提前一日支付一定数额的奖励款项；

（2）按照某一数额的一定比例支付奖励款。

七、案例分析

1. 案例背景

某建设工程项目，采用工程量清单计价方式招标，发包人与承包人签订了施工合同，工程的总造价为 25.7 万元，合同工期为 550 天。施工合同中约定发包人要求合同工程每提前竣工 1 天，应补偿承包人 10000 元的赶工补偿费。实际施工过程中，发包方因市场需求要求工程提前 10 天竣工，则赶工补偿费如何支付？

2. 要点分析

首先，该工程提前完工是发包人提前竣工的需求，需要承包人重新确定施工进度计划。其次，承包人为此提前竣工的实施，单位工日内投入了更多的人力和设备等资源来赶工，需要发包人给予相应的赶工补偿。最后，按照合同约定每提前完工 1 天，发包人补偿承包人 10000 元的赶工补偿费。

3. 解决方案

按照合同约定的赶工补偿标准以及实际施工过程中的赶工时段，计算该工程的赶工补偿费 = $10000 \times 10 = 10$ 万元。

第五节　客观条件引起施工工期与进度的改变

在合同履行的过程中，承包人会预见具有不可预见的客观的自然情况造成工期的延误，尤其是因所遭遇的客观障碍因素尚不能构成不可抗力而对工期延误的责任的分担有分歧，进而产生不必要的纠纷。因此，通过对不利物质条件的约定以及因异常恶劣气候条件而引起的合同履行的风险承担的约定，来解决上述问题从而保证在建项目的顺利进行及发承包双方的合理权益不受损害。

一、不利物质条件

1. 不利物质条件的定义

不利物质条件是指有经验的承包人在施工现场遇到的不可预见的自然物质条件、非自然物质障碍和污染物，包括地表以下物质条件和水文条件以及专用合同条款约定的其他情形，但不包括气候条件。如在施工中发现地表土以下有未引爆的炸弹、勘查单位在地质勘查阶段中发现具有特殊性质的岩层构造、具有毒性或被化学物质侵害的土壤等。

国际上常见的标准合同条款中，大多数都设立了不可预见的物质条件，如1999 版 FIDIC《施工合同条件》规定"物质条件系指承包商在现场施工时遇到的自然物质条件、人为的及其他物质障碍和污染物，包括地下和水文条件，但不包括气候条件。"13 版《示范文本》在引用 FIDIC 思想及基于 99 版《示范文本》

对"地下障碍物"概念的基础之上演化过来。通过对99版中出现的"地下障碍物"概念内涵的外延，形成"不利物质条件"的概念。

不利物质条件的发展过程如图9-10所示。

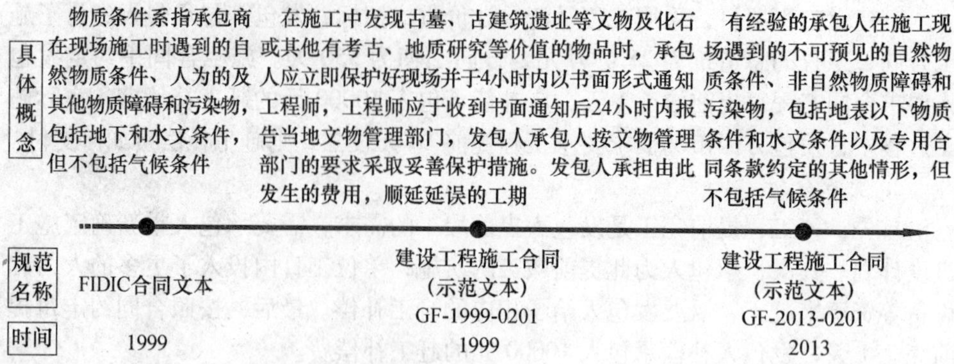

具体概念	物质条件系指承包商在现场施工时遇到的自然物质条件、人为的及其他物质障碍和污染物，包括地下和水文条件，但不包括气候条件	在施工中发现古墓、古建筑遗址等文物及化石或其他有考古、地质研究等价值的物品时，承包人应立即保护好现场并于4小时内以书面形式通知工程师，工程师应于收到书面通知后24小时内报告当地文物管理部门，发包人承包人按文物管理部门的要求采取妥善保护措施。发包人承担由此发生的费用，顺延延误的工期	有经验的承包人在施工现场遇到的不可预见的自然物质条件、非自然物质障碍和污染物，包括地表以下物质条件和水文条件以及专用合同条款约定的其他情形，但不包括气候条件
规范名称	FIDIC合同文本	建设工程施工合同（示范文本）GF-1999-0201	建设工程施工合同（示范文本）GF-2013-0201
时间	1999	1999	2013

图9-10　不利物质条件发展过程

2. 不利物质条件的特征属性

（1）从范围上讲，不利物质条件是指在客观上承包人在施工现场预见的自然物质条件、非自然的物质障碍和污染物。其中包括：地表以下的物质条件和水文条件，以及在合同专用条款中发承包双方共同约定的其他情形；

（2）不利物质条件的设定是基于承包人在客观上签订合同时无法预见的，因此，必须是一个有经验的承包商不可预见的；

（3）不利物质条件强调情景依赖性，即必须是在施工现场所遇到的；

（4）气候条件不属于不利物质条件，此外，对于异常气候条件并不属于不利物质条件。

3. 不利物质条件与不可抗力的区分

不可抗力是指发承包双方在工程合同签订时不能预见的，对其发生的后果不能避免，并且不能克服的自然灾害和社会突发性事件。不可抗力与不利物质条件均属一个有经验的承包商在合同签订时所无法预见的，不可抗力是13版《清单计价规范》的术语，而不利物质条件是13版《示范文本》的术语。其主要区分如表9-2所示。

表9-2　不利物质条件与不可抗力的区别

术语	不利物质条件	不可抗力
区别	不利物质条件是可以克服的，但需付出额外的费用及时间	不可抗力是无法避免的且无法预见的事情
共同点	签订合同时是无法避免的	

4. 不利物质条件的处置方法

（1）当承包商预见不利物质条件情况时，应采取必要的措施克服所预见的不利物质条件，保证在建工程项目的合理施工。

（2）承包商预见不利物质条件情况后应在第一时间通知在建工程项目的发包人和监理人，其通知的内容包括不利物质条件的内容以及承包人认为的不可预见的理由。

（3）发生不利物质条件后，监理人收到承包人的报告后应及时发出经发包人同意后的指示，若所发出的指示构成变更的，应按照13《示范文本》中"变更"的约定进行执行。

二、异常恶劣的气候条件

异常恶劣的气候条件是指在施工过程中遇到的，有经验的承包人在签订合同时不可预见的，对合同履行造成实质性影响的，但尚未构成不可抗力事件的恶劣气候条件。合同当事人可以在专用合同条款中约定异常恶劣的气候条件的具体情形。

发承包双方常因各自对异常恶劣气候条件情况的认定存在争议，进而在合同履行阶段引发很多不必要的纠纷。为避免上述情况发生，发承包双方应结合建设工程项目的项目类型、施工外部环境在合同条款中约定异常恶劣气候条件的情形。如瞬时风速达到18.9m/s的8级风，24小时降水量为50mm或以上的"暴雨"，直径约75m且风速在64km/h至177km/h之间的龙卷风等。

1. 恶劣气候条件的特点

（1）客观性。在客观上发生了对合同的履行产生了实际影响的异常恶劣的气候条件。

（2）主观性。主观上对于一个有经验的承包人在签订合同时所无法预见的。

2. 承包人的义务及风险分担

当在建工程项目发生异常恶劣的气候，承包人应承担以下责任：

（1）当发生异常恶劣的气候，承包人应及时并采取合理的措施保证工程项目的可持续性。若承包人因自身原因未能履行义务而导致损失加剧的，承包人无权因气候条件恶劣造成的损失获得应有的补偿。

（2）承包人作为工程的实施者，应及时通知发包人和监理人，并在通知中准确描述异常恶劣的气候条件或异常恶劣的气候条件的内容，以及无法预见的理由。若发包人采纳承包人的意见，则监理人可发出合同变更指令。若发包人不认可承包人意见，则按照13《示范文本》中"争议解决"的约定处理。

3. 异常恶劣气候条件与不可抗力的区分

异常恶劣气候条件与不可抗力的区别在于异常恶劣气候条件不同于不可抗

力，并不需要达到无法克服的程度，只要克服该气候条件需要承包人采取的措施超出了其在签订合同时所能预见的范围，从而导致费用增加，并对合同的履行造成重大影响，都有可能被认定为异常恶劣的气候条件。

4. 异常恶劣气候条件下风险责任的划分

（1）承包人原因

异常恶劣气候条件若发生于因承包人的原因引起工期延误之后，承包人无权要求发包人赔偿其工期及费用索赔。

（2）非承包人原因

承包人未延误工期的，则合同的履行不可能遭遇异常恶劣的气候条件影响的。

第三篇

建设工程施工合同价款的计量与支付

第十章　工程预付款

施工企业承包工程，一般实行包工包料，这就需要有一定数量的备料周转金。在工程承包合同条款中，规定在开工前发包人拨付给承包人一定限额的工程预付备料款，也即工程预付款。预付款是发包人按照合同约定，在开工前预先支付给承包人用于购买合同工程施工所需的材料、工程设备，以及组织施工机械和人员进场等的款项。

第一节　工程预付款的支付

一、工程预付款的支付时间

预付款的支付时间是发承包双方在合同专用条款中进行约定的重要内容之一。依据 13 版《示范文本》，预付款的支付过程如图 10-1 所示：

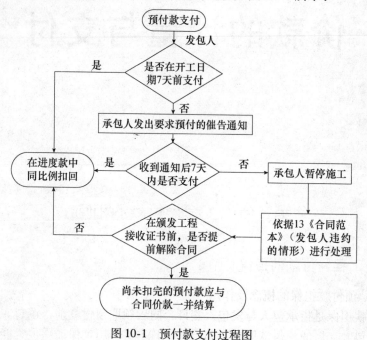

图 10-1　预付款支付过程图

预付款的支付按照专用合同条款约定执行，但最迟应在开工通知载明的开工日期 7 天前支付。预付款应当用于材料、工程设备、施工设备的采购及修建临时工程、组织施工队伍进场等。除专用合同条款另有约定外，预付款在进度付款中同比例扣回。在颁发工程接收证书前，提前解除合同的，尚未扣完的预付款应与合同价款一并结算。发包人逾期支付预付款超过 7 天的，承包人有权向发包人发出要求预付的催告通知，发包人收到通知后 7 天内仍未支付的，承包人有权暂停施工，并按13 版《示范文本》中发包人违约的情形执行。

二、工程预付款额度

工程预付款额度，各地区、各部门的规定不完全相同，主要是保证施工所需材料和构件的正常储备。工程预付款额度一般是根据施工工期、建安工作量、主要材料和构件费用占建安工程费的比例以及材料储备周期等因素经测算来确定，一般来说工程预付款额度的确定有以下两种，如表 10-1 所示。

表 10-1　工程预付款额度确定方式

方法	依据	计算方式
百分比法	发包人根据工程的特点、工期长短、市场行情、供求规律等因素，招标时在合同条件中约定工程预付款的百分比	根据财政部、住房和城乡建设部印发的《建设工程价款结算暂行办法》第十二条（一）款的规定，包工包料工程的预付款按合同约定拨付，预付款的比例原则上不低于合同金额的 10%，不高于合同金额的 30%，对重大工程项目，按年度工程计划逐年预付。对于只包工不包料的工程项目，则可以不预付备料款
公式计算法	根据主要材料（含结构件等）占年度承包工程总价的比重、材料储备定额天数和年度施工天数等因素，材料储备定额天数因项目规模、工期长短、工程类型不同而不同。承包人对预付款进行测算时应根据自身施工经验确定材料储备定额天数	其计算公式为：$$工程预付款数额 = \frac{工程总价 \times 材料比例（\%）}{年度施工天数} \times 材料储备定额天数$$ 式中，年度施工天数按 365 天日历天计算；材料储备定额天数由当地材料供应的在途天数、加工天数、整理天数、供应间隔天数、保险天数等因素决定

第二节　工程预付款的扣回

一、工程预付款的担保

（一）预付款担保的概念及作用

预付款担保是指承包人与发包人签订合同后领取预付款前，承包人正确、合理使用发包人支付的预付款而提供的担保。其主要作用是保证承包人能够按合同规定的目的使用并及时偿还发包人已支付的全部预付金额。如果承包人中途毁约，中止工程，使发包人不能在规定期限内从应付工程款中扣除全部预付款，则发包人有权从该项担保金额中获得补偿。

（二）预付款担保的形式

预付款担保可采用银行保函、担保公司担保等形式，具体由合同当事人在专用合同条款中约定。在预付款完全扣回之前，承包人应保证预付款担保持续有效。

（三）付款保函担保金额

承包人的预付款保函（如有）的担保金额根据预付款扣回的数额相应递减，但在预付款全部扣回之前一直保持有效。发包人应在预付款扣完之后的 14 天内将预付款保函退还给承包人。发包人要求承包人提供预付款担保的，承包人应在发包人支付预付款 7 天前提供预付款担保，专用合同条款另有约定的除外。

发包人在工程款中逐期扣回预付款后，预付款担保额度应相应减少，但剩余的预付款担保金额不得低于未被扣回的预付款金额。

二、工程预付款的扣回方式

预付款是发包人因承包人为准备施工而履行的协助义务，当发包人取得相应的合同价款时，发包人往往会要求承包人予以返还，根据 13 版《清单计价规范》，预付款应从每一个支付期应支付给承包人的工程进度款中扣回，直到扣回的金额达到合同约定的预付款金额为止。一般来说，具体扣款的方法主要有以下两种：

（一）起扣点计算法

从未施工工程尚需的主要材料及构件的价值相当于工程预付款数额时起扣，此后每次结算工程价款时，按材料所占比重扣减工程价款，至工程竣工前全部扣清。起扣点的计算公式如下：

$$T = P - \frac{M}{N} \tag{10-1}$$

式中　T——起扣点（即工程预付款开始扣回时）的累计完成工程金额；

M——工程预付款总额；

N——主要材料及构件所占比重；

P——承包工程合同总额。

该方法对承包人比较有利，最大限度地占用了发包人的流动资金，但是，显然不利于发包人资金使用。

（二）按合同约定扣款

预付款的扣款方法由发包人和承包人通过洽商后在合同中予以确定，一般是在承包人完成金额累计达到合同总价的一定比例后，由承包人开始向发包人还款，发包方从每次应付给承包人的金额中扣回工程预付款，发包人至少在合同规定的完工日期前将工程预付款的总金额逐次扣回。通常约定承包人完成签约合同价款的 20% ~30%时，开始从进度款中按一定比例扣还。

实际中情况比较复杂，有些工程工期较短，无需分期扣回。有些工程工期较长如跨年度施工，预付备料款可以少扣或不扣，并于次年按应预付工程款调整，多退少补。具体来说，跨年度工程，预计次年承包工程价值大于或相当于当年承包工程价值时，可以不扣回当年的预付备料款，如小于当年承包工程价值时，应按实际承包工程价值进行调整，在当年扣回部分预付备料款，并将未扣回部分转入次年，以此类推，直到竣工年度。

第三节　安全文明施工费

安全文明施工费由发包人承担，发包人不得以任何形式扣减该部分费用。因基准日期后合同所适用的法律或政府有关规定发生变化，增加的安全文明施工费由发包人承担。

一、安全文明施工费的支付过程

承包人经发包人同意采取合同约定以外的安全措施所产生的费用，由发包人承担。未经发包人同意的，如果该措施避免了发包人的损失，则发包人在避免损失的额度内承担该措施费。如果该措施避免了承包人的损失，由承包人承担该措施费，其过程如图 10-2 所示。

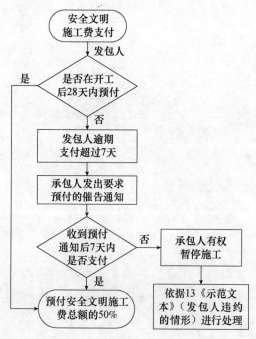

图 10-2　安全文明施工费支付过程

除专用合同条款另有约定外，发包人应在开工后的 28 内预付安全文明施工费总额的 50%，其余部分与进度款同期支付。发包人逾期支付安全文明施工费超过 7 天的，承包人有权向发包人发出要求预付的催告通知，发包人收到通知后 7 天内仍未支付的，承包人有权暂停施工，并按发包人违约的情形执行。

二、安全文明施工费支付原则

根据 13 版《清单计价规范》，发包人应在开工后 28 天内预付不低于当年施工进度计划的安全文明施工费总额的 60%，其余部分应按照提前安排的原则进行分解，并应与进度款同期支付。承包人对安全文明施工费应专款专用，承包人应在财务账目中单独列项备查，不得挪作他用，否则发包人有权责令其限期改正；逾期未改正的，可以责令其暂停施工，由此增加的费用和（或）延误的工期由承包人承担。

第十一章 合同价款进度款支付

建设工程施工合同是先由承包人完成建设工程，后由发包人支付合同价款的特殊承揽合同，由于建设工程通常具有投资额大、施工期长等特点，合同价款的履行顺序主要通过"阶段小结、最终结清"来实现。当承包人完成了一定阶段的工程量后，发包人就应该按合同约定履行支付工程进度款的义务。工程进度款是发包人在合同工程施工过程中，按照合同约定对付款周期内承包人完成的合同价款给予支付的款项，是合同价款期中结算支付的一种。

本章主要讲述单价合同与总价合同的合同价款进度款支付。

第一节 单价合同的进度款支付

工程量的正确计量是发包人向承包人支付工程进度款的前提和依据。计量可采用按工程形象进度分段或按月计量的方式，按工程形象进度分段计量与按月计量相比，其计量结果更具稳定性，可以简化竣工结算。

依据13版《示范文本》，工程量计量按照合同约定的工程量计算规则、图纸及变更指示等进行计量。工程量计算规则应以相关的国家标准、行业标准等为依据，由合同当事人在专用合同条款中约定。工程计量可选择按月或者按工程形象进度分段计算，具体计量周期应在合同中约定。

一、单价合同的计量

（一）单价合同的计量规则

依据13版《清单计价规范》的规定，工程量必须按照相关工程现行国家计量规范规定的工程量计算规则计算。其中单价合同的计量如下：

（1）发承包双方对合同工程进行工程结算的工程量应按照经发承包双方认可的实际完成工程量确定，而非招标工程量清单所列的工程量。

（2）施工中工程计量时，若发现招标工程量清单中出现缺项、工程量偏差，或因工程变更引起工程量的增减，应按承包人在履行合同义务中完成的工程量计算。

（二）单价合同的计量程序

13版《示范文本》计量的最大改变是区分了单价合同的计量和总价合同的计量，与13版《清单计价规范》一致。单价合同与总价合同的计量周期与计量程序基本一致，通过计量确认承包人实际完成的工程量。13 版《示范文本》工程计量的程序有如规定：

除专用合同条款另有约定外，单价合同的计量按照本项约定执行：

（1）承包人应于每月 25 日向监理人报送上月 20 日至当月 19 日已完成的工程量报告，并附具进度付款申请单、已完成工程量报表和有关资料。

（2）监理人应在收到承包人提交的工程量报告后 7 天内完成对承包人提交的工程量报表的审核并报送发包人，以确定当月实际完成的工程量。监理人对工程量有异议的，有权要求承包人进行共同复核或抽样复测。承包人应协助监理人进行复核或抽样复测，并按监理人要求提供补充计量资料。承包人未按监理人要求参加复核或抽样复测的，监理人复核或修正的工程量视为承包人实际完成的工程量。

（3）监理人未在收到承包人提交的工程量报表后的 7 天内完成审核的，承包人报送的工程量报告中的工程量视为承包人实际完成的工程量，据此计算工程价款。单价合同的计量程序如图 11-1 所示。

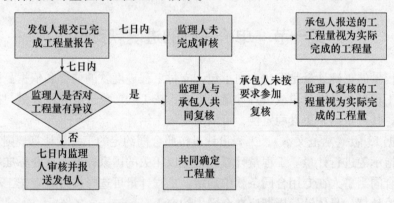

图 11-1　单价合同的计量程序

二、单价合同进度付款过程

（一）单价合同进度付款申请单的提交

单价合同的进度付款申请单，按照 13 版《示范文本》第 12.3.3 项"单价合同的计量"约定的时间按月向监理人提交，并附上已完成工程量报表和有关资料。单价合同中的总价项目按月进行支付分解，并汇总列入当期进度付款申请单。

（二）进度款支付申请的内容

进度款的支付周期与工程计量周期一致。在工程量经复核认可后，承包人应在每个付款周期末，向发包人递交进度款支付申请，并附相应的证明文件。除合同另有约定外，进度款支付申请应包括下列内容：

（1）累计已完成的合同价款；

（2）累计已实际支付的合同价款；

（3）本周期合计完成的合同价款；

（4）本周期已完成单价项目的金额；

（5）本周期应支付的总价项目的金额；

（6）本周期已完成的计日工价款；

（7）本周期应支付的安全文明施工费；

（8）本周期应增加的金额；

（9）本周期合计应扣减的金额；

（10）本周期应扣回的预付款；

（11）本周期应扣减的金额；

（12）本周期实际应支付的合同价款。

"本周期应增加的金额"包括除单价项目、总价项目、计日工、安全文明施工费外的全部应增金额，如索赔、现场签证金额。"本周期应扣减的金额"包括除预付款外的全部应减金额。并且未在进度款支付中要求扣减质量保证金，这是因为进度款支付比例最高不超过90%，实质上已包括质量保证金。

进度款支付申请单如表 11-1 所示。

表 11-1　进度款支付申请单

工程名称：　　　　　　　　　　标段：　　　　　　　　　　编号：

致_____（发包人全称）

　　我方于_____至_____期间已完成了_____工作，根据施工合同的约定，现申请支付最终结清合同款额为（大写）_____（小写_____），请予核准。

序号	名称	实际金额（元）	申请金额（元）	复核金额（元）	备注
1	累计已完成的合同价款		——		
2	累计已实际支付的合同价款		——		
3	本周期合计完成的合同价款				
3.1	本周期已完成单价项目的金额				
3.2	本周期应支付的总价项目的金额				
3.3	本周期已完成的计日工价款				
3.4	本周期应支付的安全文明施工费				
3.5	本周期应增加的金额				
4	本周期合计应扣减的金额				
4.1	本周期应扣回的预付款				
4.2	本周期应扣减的金额				
5	本周期实际应支付的合同价款				

承包人（章）

造价人员：_____　承包人代表：_____　日　期：_____

续表

复核意见： 　□与实际施工情况不相符，修改意见见附表。 　□与实际施工情况相符，具体金额由造价工程师复核。 　　　　监理工程师_____ 　　　　日　　期_____	复核意见： 　你方提出的支付申请经复核，最终应支付金额为（大写）_____（小写_____）。 　　　　造价工程师_____ 　　　　日　　期_____
审核意见 　□不同意。 　□同意，支付时间为本表签发后的 15 天内。 　　　　　　　　　　发包人（章）_____ 　　　　　　　　　　发包人代表_____ 　　　　　　　　　　日　　期_____	

注：1. 在选择栏中的"□"内作标识"√"。
　　2. 本表一式四份，由承包人填报，发包人、监理人、造价咨询人、承包人各存一份。

（三）进度款支付的程序

根据 13 版《示范文本》，工程进度款的支付流程如图 11-2 所示。

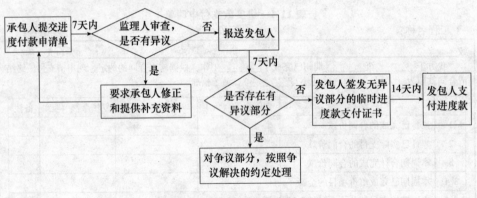

图 11-2　工程进度款的支付流程

发包人未按照规定的程序支付进度款的，承包人可催告发包人支付，并有权获得延迟支付的利息；发包人在付款期满后的 7 天内仍未支付的，承包人可在付款期满后的第 8 天起暂停施工。发包人应承担由此增加的费用和（或）延误的工期，向承包人支付合理利润，并承担违约责任。

（四）进度款的额度

关于进度款的支付额度，根据 13 版《清单计价规范》，进度款的支付比例按照合同约定，按期中结算价款总额计，发包人应按不低于工程价款的 60%，不高于工程价款的 90% 向承包人支付工程进度款。

（1）已完工程的结算价款。

已标价工程量清单中的单价项目，承包人应按工程计量确认的工程量与综合单价计算。如综合单价发生调整的，以发承包双方确认调整的综合单价计算进度款。

已标价工程量清单中的总价项目，承包人应按合同中约定的进度款支付分解，分别列入进度款支付申请中的安全文明施工费和本周期应支付的总价项目的金额中。

（2）结算价款的调整。

承包人现场签证和得到发包人确认的索赔金额列入本周期应增加的金额中。由发包人提供的材料、工程设备金额，应按照发包人签约提供的单价和数量从进度款支付中扣除，列入本周期应扣减的金额中。

（五）进度付款的修正

根据 13 版《示范文本》的规定，在对已签发的进度款支付证书进行阶段汇总和复核中发现错误、遗漏或重复的，发包人和承包人均有权提出修正申请。经发包人和承包人同意的修正，应在下期进度付款中支付或扣除。

第二节　总价合同的进度款支付

一、总价合同的计量

（一）总价合同的计量规则

（1）采用工程量清单方式招标形成的总价合同，其工程量应按照单价合同计量的规定计算。

（2）采用经审定批准的施工图纸及其预算方式发包形成的总价合同，除按照工程变更规定引起的工程量增减外，总价合同各项目的工程量应为承包人用于结算的最终工程量。

（3）总价合同约定的项目计量应以合同工程经审定批准的施工图纸为依据，发承包双方应在合同中约定工程计量的形象目标或时间节点进行计量。

（二）总价合同的计量程序

除专用合同条款另有约定外，按月计量支付的总价合同，按照以下约定执行：

（1）承包人应于每月 25 日向监理人报送上月 20 日至当月 19 日已完成的工程量报告，并附具进度付款申请单、已完成工程量报表和有关资料。

（2）监理人应在收到承包人提交的工程量报告后 7 天内完成对承包人提交的工程量报表的审核并报送发包人，以确定当月实际完成的工程量。监理人对工程量有异议的，有权要求承包人进行共同复核或抽样复测。承包人应协助监理人进行复核或抽样复测并按监理人要求提供补充计量资料。承包人未按监理人要求参加复核或抽样复测的，监理人审核或修正的工程量视为承包人实际完成的工程量。

（3）监理人未在收到承包人提交的工程量报表后的 7 天内完成复核的，承包人提交的工程量报告中的工程量视为承包人实际完成的工程量。

（4）总价合同采用支付分解表计量支付的，可以按照第（1）～（3）项〔总价合同的计量〕约定进行计量，但合同价款按照支付分解表进行支付。

二、总价合同进度付款过程

（一）总价合同进度付款申请单的提交

总价合同按月计量支付的，承包人按照 13 版《示范文本》第 12.3.4 项"总价合同的计量"约定的时间按月向监理人提交进度付款申请单，并附上已完成工程量报表和有关资料。

13 版《示范文本》第 12.3.4 项的约定为：

（1）承包人应于每月 25 日向监理人报送上月 20 日至当月 19 日已完成的工程量报告，并附具进度付款申请单、已完成工程量报表和有关资料。

（2）监理人应在收到承包人提交的工程量报告后 7 天内完成对承包人提交的工程量报表的审核并报送发包人，以确定当月实际完成的工程量。监理人对工程量有异议的，有权要求承包人进行共同复核或抽样复测。承包人应协助监理人进行复核或抽样复测并按监理人要求提供补充计量资料。承包人未按监理人要求参加复核或抽样复测的，监理人审核或修正的工程量视为承包人实际完成的工程量。

（3）监理人未在收到承包人提交的工程量报表后的 7 天内完成复核的，承包人提交的工程量报告中的工程量视为承包人实际完成的工程量。

总价合同按支付分解表支付的，承包人应按照 13 版《示范文本》第 12.4.6 项"支付分解表"及第 12.4.2 项"进度付款申请单的编制"的约定向监理人提交进度付款申请单。

（二）支付分解表的编制要求

根据 13 版《示范文本》，支付分解表的编制要求如下：

（1）支付分解表中所列的每期付款金额，应为（截至本次付款周期已完成工作对应的金额）目的估算金额；

（2）实际进度与施工进度计划不一致的，合同当事人可按照 13 版《示范文本》中"商定或确定"修改支付分解表；

其中 13 版《示范文本》中有关"商定或确定"规定如下：

①合同当事人进行商定或确定时，总监理工程师应当会同合同当事人尽量通过协商达成一致，不能达成一致的，由总监理工程师按照合同约定审慎做出公正的确定。

②总监理工程师应将确定以书面形式通知发包人和承包人，并附详细依据。合同当事人对总监理工程师的确定没有异议的，按照总监理工程师的确定执行。任何一方合同当事人有异议，按照 13 版《示范文本》中"争议解决"的约定处理。争议解决前，合同当事人暂按总监理工程师的确定执行；争议解决后，争议解决的结果与总监理工程师的确定不一致的，按照争议解决的结果执行，由此造成的损失由责任人承担。

（3）不采用支付分解表的，承包人应向发包人和监理人提交按季度编制的支付估算分解表，用于支付参考。

（三）单价合同的总价项目支付分解表的编制与审批

单价合同的进度付款申请单，按照《示范文本》"单价合同的计量"约定的时间按月向监理人提交，并附上已完成工程量报表和有关资料。单价合同中的总价项目按月进行支付分解，并汇总列入当期进度付款申请单。

除专用合同条款另有约定外，单价合同的总价项目，由承包人根据施工进度计划和总价项目的总价构成、费用性质、计划发生时间和相应工程量等因素按月进行分解，形成支付分解表，其编制与审批参照总价合同支付分解表的编制与审批执行。

（四）总结合同支付分解表的编制与审批

按照 13 版《示范文本》，总价合同支付分解表的编制与审批的要求如下：

（1）除专用合同条款另有约定外，承包人应根据《建设工程施工合同（示范文本)》中"施工进度计划"约定的施工进度计划、签约合同价和工程量等因素对总价合同按月进行分解，编制支付分解表。承包人应当在收到监理人和发包人批准的施工进度计划后 7 天内，将支付分解表及编制支付分解表的支持性资料报送监理人。

（2）监理人应在收到支付分解表后 7 天内完成审核并报送发包人。发包人应在收到经监理人审核的支付分解表后 7 天内完成审批，经发包人批准的支付分解表为有约束力的支付分解表。

（3）发包人逾期未完成支付分解表审批的，也未及时要求承包人进行修正和提供补充资料的，则承包人提交的支付分解表视为已经获得发包人批准。

三、案例分析

案例一　某住宅小区市政管网工程计量计价纠纷

（一）案例背景

该工程申请人为承包商，被申请人为发包方。双方于 2000 年 3 月签订了施工合同，合同约定了承包范围：市政管网、中庭广场施工图内全部工程，合同价暂定为 145 万元（合同约定按实结算），合同工期 120 天。申请人于 2000 年 3 月开工，于 2000 年 10 月竣工验收。申请人于 2003 年以被申请人一直未办理结算为由，向仲裁委员会申请仲裁。

委托鉴定内容及鉴资料，仲裁委员会委托鉴定机构对该工程造价进行鉴定。送鉴定资料：委托书、施工合同、仲裁申请书、仲裁答辩书、施工图、设计变更、现场签证、竣工验收证书与被申请人核对的结算工程量清单等资料。

（二）争议焦点

管沟开挖的土方工程量产生争议；大理石的粘贴方式产生争议；售楼处等零星拆除工程的计价产生争议。

（三）争议解决

（1）计量方面：依据施工合同，申请人与被申请人核对的结算工程量清单、施工图设计变更、签证、现场勘察记录等资料计算。送鉴资料中没有管沟开挖的地面标高证据资料，鉴定人根据场地平整后的地面平整后地面标高（施工图标高）计算管沟开挖土方工程量。售楼处零星项目拆除，因属承包范围外施工项目，双方应办理现场签证确认，送鉴资料中没有相应项目的证据资料，不予计算。

（2）计价方面：依据合同约定的工程计价方式计价。大理石按施工图说明的水泥砂浆粘贴套价。解决依据：依据 13 版《清单计价规范》的规定，工程量必须按照相关工程现行国家计量规范规定的工程量计算规则计算。施工合同纠纷案件造价鉴定的依据是证据材料，证据不足会导致工程造价不予计算，因此，各方应加强施工及文档资料的管理；没有设计变更的，依据 13 版《示范文本》的规定，承包方应按合同约定的施工图施工；施工合同承包范围外的零星工程施工，应有现场工程师的指令等证据。

案例二　工程进度款支付纠纷

（一）案例背景

甲建筑公司（以下简称甲公司）与乙房地产开发公司签订一份工程施工合同。在合同履行过程中，乙公司多次逾期支付工程进度款，甲公司为了顾全大局，仍然坚持垫资施工。工程完工后，甲公司向法院提起诉讼要求支付剩余工程价款，而乙公司则提出反诉，要求甲公司承担工期延误责任和支付逾期竣工违约金。

（二）矛盾焦点

甲方以《合同法》第 283 条规定和乙方拖延支付工程款为由进行抗辩，发包人未按期支付工程款能否直接导致承包人拥有顺延工期的权利？

（三）争议解决

1. 解决结果

法院支持了乙公司的反诉请求，发包人未按期支付工程款不直接导致承包人拥有顺延工期的权利。

2. 解决依据

《合同法》第283条规定，"发包人未按照约定的时间和要求提供原材料、设备、场地、资金、技术资料的，承包人可以顺延工程日期并有权要求赔偿停工、窝工等损失。"但不能片面地理解为只要发包人不按期支付工程款，承包方就有权顺延工期而无需为工期延误承担责任。

首先，从法律规定角度来看，法条原文使用的术语是"可以"，也就是说，此时承包人拥有选择权。承包人可以选择顺延工期，也可以选择按照原定期限继续施工。如果承包人选择垫资施工，属于承包人对自己权利的放弃，其结果当然是承包人必须按期向发包人交付工程。因此，一旦发生发包人逾期支付工程款的情形，承包人需明确进行意思表示，表明其选择究竟为何。其次，从举证责任来看，发生工程逾期的情形后，如果承包人主张是因为发包人未按期支付工程进度款的原因导致了工期的延误，其应当承担举证责任，来证明发包人的违约行为导致工期延误的事实及因果关系。实践中通常需要承包人提供停工通知等证据，否则，承包人需承担举证不能的后果。因此，对《合同法》第283条的正确理解应当是：发包人未按期支付工程款的，承包人履行完相应的通知义务后，享有停工的权利。

第十二章 竣工结算与支付

工程竣工结算是指工程项目完工并经竣工验收合格后，发承包双方按照施工合同的约定对所完成的工程项目进行的工程价款的计算、调整和确认。工程竣工结算分为单位工程竣工结算、单项工程竣工结算和建设项目竣工总结算。其中，单位工程竣工结算和单项工程竣工结算也可看做是分阶段结算。

第一节 竣工结算的编制

单位工程竣工结算由承包人编制，发包人审查；实行总承包的工程，由具体承包人编制，在总承包人审查的基础上，发包人审查。单项工程竣工结算或建设项目竣工总结算由总（承）包人编制，发包人可直接进行审查，也可以委托具有相应资质的工程造价咨询机构进行审查。政府投资项目，由同级财政部门审查。单项工程竣工结算或建设项目竣工总结算经发承包人签字盖章后有效。承包人应在合同约定期限内完成项目竣工结算编制工作，未在规定期限内完成的、并且提不出正当理由延期的，责任自负。

一、工程竣工结算的编制依据

依据13版《清单计价规范》，工程竣工结算编制的主要依据有：
（1）13版《清单计价规范》；
（2）工程合同；
（3）发承包双方实施过程中已确认的工程量及其结算的合同价款；
（4）发承包双方实施过程中已确认调整后追加（减）的合同价款；
（5）建设工程设计文件及相关资料；
（6）投标文件；
（7）其他依据。
在编制竣工结算时，13版《清单计价规范》强调了将历次计量结果计入竣工结算和强调历次支付的重要性，并规定：
①发承包双方实施过程中已确认的工程量及其结算的合同价款和发承包双方实施过程中已确认调整后追加（减）的合同价款作为竣工结算编制的依据，强化了工程价款的中间管理环节；
②竣工结算依据不再局限于索赔、现场签证等，在施工过程中发承包双方确

认的合同价款的调整都应该作为竣工结算的依据；

③13版《清单计价规范》不再将竣工图纸单独列入竣工结算的编制与审核依据中，避免了工程量清单计价模式下竣工图重算法结算方式导致的大量争议；

④不再将招标文件单独列入竣工结算的编制与审核依据中，却将投标文件也作为编制依据之一，这既是对发包人的约束和行为规范，也是对承包人的一种保护。

二、工程竣工结算的计价原则

（一）分部分项工程和单价措施项目

分部分项工程和措施项目中的单价项目应依据双方确认的工程量与已标价工程量清单的综合单价计算；如发生调整的，以发承包双方确认调整的综合单价计算。

（二）总价措施项目

措施项目中的总价项目应依据合同约定的项目和金额计算；如发生调整的，以发承包双方确认调整的金额计算。其中安全文明施工费应按照国家或省级、行业建设主管部门的规定计算。施工过程中，国家或省级、行业建设主管部门对安全文明施工费进行了调整的，措施项目费中的安全文明施工费应作相应调整。

（三）其他项目

其他项目应按下列规定计价：

（1）计日工的费用应按发包人实际签证确认的数量和相应项目综合单价计算。

（2）暂估价应按发承包双方按照13版《清单计价规范》的相关规定计算。

若暂估价中的材料、工程设备是招标采购的，其单价按中标价在综合单价中调整；若暂估价中的材料、工程设备是非招标采购的，其单价按发承包双方最终确认的单价在综合单价中调整；若暂估价中的专业工程是招标发包的，其专业工程费按中标价计算；若暂估价中的专业工程是招标发包的，其专业工程费按发承包双方与分包人最终确认的金额计算。

（3）总承包服务费应依据合同约定金额计算，如发生调整的，以发承包双方确认调整的金额计算。

（4）施工索赔费用应依据发承包双方确认的索赔事项和金额计算。

（5）现场签证费用应依据发承包双方签证资料确认的金额计算。

（6）合同价款中的暂列金额在用于各项价款调整、索赔与现场签证的费用后，若有余额，则余额归发包人，若出现差额，则由发包人补足并反映在相应项目的价款中。

（四）规费和税金

规费和税金应按照国家或省级、行业建设主管部门对规费和税金的计取标准计算。规费中的工程排污费应按工程所在地环境保护部门规定标准缴纳后按实列入。

此外，工程合同价款按交付时间顺序可分为：工程预付款、工程进度款和工程竣工结算款，由于工程预付款已在工程进度款中扣回，因此，工程竣工结算存在以下等式：工程竣工结算价款＝工程进度款＋工程竣工结算余额。可见，竣工结算与合同工程实施过程中的工程计量及其价款结算、进度款支付、合同价款调整等具有内在联系，除有争议的外，均应直接进入竣工结算，简化竣工结算流程。

第二节　竣工结算的程序

一、竣工结算的核对程序

根据 13 版《示范文本》，竣工结算款的核对程序如图 12-1 所示。

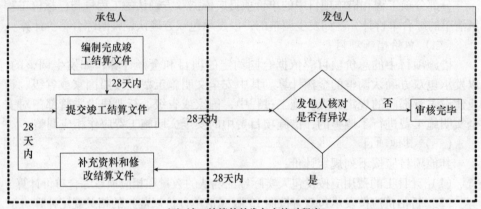

（a）竣工结算款的发包人核对程序

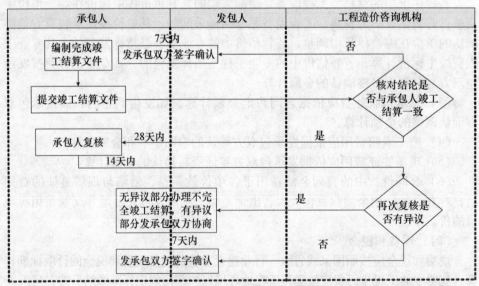

（b）竣工结算款的工程造价咨询机构核对程序

图 12-1　竣工结算款的核对程序

竣工结算的核对是工程造价计价中发承包双方应共同完成的重要工作。按照交易的一般原则，任何交易结束后，都应做到钱、货两清，工程建设也不例外。工程施工的发承包活动作为期货交易行为，当工程竣工验收合格后，承包人将工程移交给发包人，发承包双方应将工程价款结算清楚，即竣工结算办理完毕。

（一）承包人提交竣工结算文件

合同工程完工后，承包人应在经发承包双方确认的合同工程期中价款结算的基础上汇总编制完成竣工结算文件，并在提交竣工验收申请的同时向发包人提交竣工结算文件。

承包人未在合同约定的时间内提交竣工结算文件，经发包人催告后14天内仍未提交或没有明确答复，发包人有权根据已有资料编制竣工结算文件，作为办理竣工结算和支付结算款的依据，承包人应予以认可。

（二）发包人核对竣工结算文件

（1）发包人应在收到承包人提交的竣工结算文件后的28天内核对。发包人经核实，认为承包人还应进一步补充资料和修改结算文件的，应在28天内向承包人提出核实意见，承包人在收到核实意见后的28天内按照发包人提出的合理要求补充资料，修改竣工结算文件，并再次提交给发包人复核后批准。

（2）发包人应在收到承包人再次提交的竣工结算文件后的28天内予以复核，并将复核结果通知承包人。如果发包人、承包人对复核结果无异议的，应在7天内在竣工结算文件上签字确认，竣工结算办理完毕；如果发包人或承包人对复核结果认为有误的，无异议部分办理不完全竣工结算；有异议部分由发承包双方协商解决，协商不成的，按照合同约定的争议解决方式处理。

（3）发包人在收到承包人竣工结算文件后的28天内，不核对竣工结算或未提出核对意见的，视为承包人提交的竣工结算文件已被发包人认可，竣工结算办理完毕。

（4）承包人在收到发包人提出的核实意见后的28天内，不确认也未提出异议的，视为发包人提出的核实意见已被承包人认可，竣工结算办理完毕。

（三）发包人委托工程造价咨询机构核对竣工结算文件

发包人委托工程造价咨询机构核对竣工结算的，工程造价咨询机构应在28天内核对完毕，核对结论与承包人竣工结算文件不一致的，应提交给承包人复核，承包人应在14天内将同意核对结论或不同意见的说明提交给工程造价咨询机构。工程造价咨询机构收到承包人提出的异议后，应再次复核，复核无异议的，发承包双方应在7天内在竣工结算文件上签字确认，竣工结算办理完毕；复核后仍有异议的，对于无异议部分办理不完全竣工结算；有异议部分由发承包双方协商解决，协商不成的，按照合同约定的争议解决方式处理。

承包人逾期未提出书面异议的，视为工程造价咨询机构核对的竣工结算文件已经承包人认可。

（四）竣工结算文件的签认

1. 拒绝签认的处理

对发包人或发包人委托的工程造价咨询人指派的专业人员与承包人指派的专业人员经核对后无异议并签名确认的竣工结算文件，除非发承包人能提出具体、详细的不同意见，发承包人都应在竣工结算文件上签名确认，如其中一方拒不签认的，按以下规定办理：

（1）若发包人拒不签认的，承包人可不提供竣工验收备案资料，并有权拒绝与发包人或其上级部门委托的工程造价咨询机构重新核对竣工结算文件。

（2）若承包人拒不签认的，发包人要求办理竣工验收备案的，承包人不得拒绝提供竣工验收资料，否则，由此造成的损失，承包人承担连带责任。

2. 不得重复核对

合同工程竣工结算核对完成，发承包双方签字确认后，禁止发包人又要求承包人与另一个或多个工程造价咨询人重复核对竣工结算。

（五）质量争议工程的竣工结算

发包人以对工程质量有异议，拒绝办理工程竣工结算的：

（1）已经竣工验收或已竣工未验收但实际投入使用的工程，其质量争议按该工程保修合同执行，竣工结算按合同约定办理；

（2）已竣工未验收且未实际投入使用的工程以及停工、停建工程的质量争议，双方应就有争议的部分委托有资质的检测鉴定机构进行检测，根据检测结果确定解决方案，或按工程质量监督机构的处理决定执行后办理竣工结算，无争议部分的竣工结算按合同约定办理。

二、竣工结算款的支付程序

根据 13 版《示范文本》，竣工结算款的支付程序如图 12-2 所示。

发包人未按照规定的程序支付竣工结算款的，按照中国人民银行发布的同期同类贷款基准利率支付违约金；逾期支付超过 56 天的，按照中国人民银行发布的同期同类贷款基准利率的两倍支付违约金。

承包人应向发包人提交竣工结算申请单，除专用合同条款另有约定外，竣工结算申请单应包括以下内容：

（1）竣工结算合同价格；

（2）发包人已支付承包人的款项；

（3）应扣留的质量保证金；

（4）发包人应支付承包人的合同价款。

竣工结算申请单中包括的内容见表 12-1 所示。

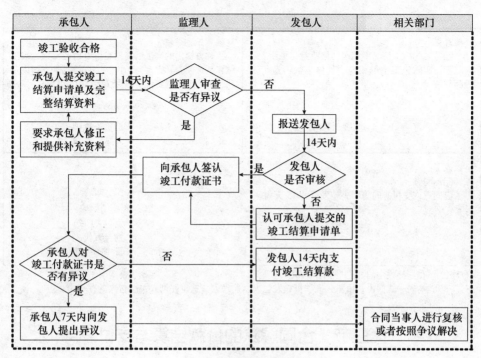

图 12-2　结算款的支付程序

表 12-1　竣工结算申请单

工程名称：　　　　　　　　　　标段：　　　　　　　　　　编号：

致＿＿＿＿＿＿＿＿＿＿＿＿＿＿＿＿＿＿＿＿＿＿＿＿＿＿＿＿＿＿＿＿＿＿＿＿（发包人全称）

　　我于＿＿＿＿＿至＿＿＿＿＿期间已完成合同约定的工作，工程已经完工，根据施工合同的约定，现申请支付竣工结算合同款额为（大写）＿＿＿＿＿＿＿＿＿＿＿＿（小写＿＿＿＿＿＿），请予核准。

序号	名称	金额（元）	备注
1	竣工结算合同价格		
2	发包人已支付承包人的款项		
3	应扣留的质量保证金		
4	发包人应支付承包人的合同价款		

承包人（章）

造价人员：＿＿＿＿＿　承包人代表：＿＿＿＿＿　日　期：＿＿＿＿＿

续表

复核意见： 　　□与实际施工情况不相符，修改意见见附表。 　　□与实际施工情况相符，具体金额由造价工程师复核。 　　　　　　监理工程师_____ 　　　　　　日　　期_____	复核意见： 　　你方提出的竣工结算款支付申请经复核，竣工结算款总额为（大写）（小写），扣除前期支付以及质量保证金后应支付金额为（大写）（小写）。 　　　　　　造价工程师_____ 　　　　　　日　　期_____
审核意见 　　□不同意。 　　□同意，支付时间为本表签发后的15天内。 　　　　　　　　　　　　　　　　发包人（章）_____ 　　　　　　　　　　　　　　　　发包人代表_____ 　　　　　　　　　　　　　　　　日　　期_____	

注：1. 在选择栏中的"□"内作标识"√"。
　　2. 本表一式四份，由承包人填报，发包人、监理人、造价咨询人、承包人各存一份。

第三节　合同解除的价款结算与支付

一、违约解除合同

合同解除是合同非常态的终止，为了限制合同的解除，法律规定了合同解除制度。根据解除权来源划分，可划分协议解除和法定解除。鉴于建设工程施工合同的特性，为了防止社会资源浪费，法律不赋予发承包人享有任意单方解除权。因此，除了协议解除，按照13版《示范文本》的规定及建筑工程施工合同的规定，施工合同的解除有发包人违约、承包人违约、第三人造成的违约三种情形。

（一）发包人违约的情形

1. 因发包人违约解除合同

在合同履行过程中发生的下列情形，属于发包人违约：

（1）因发包人原因未能在计划开工日期前7天内下达开工通知的；

（2）因发包人原因未能按合同支付原定合同价款的；

（3）发包人自行实施被取消的工作或者由他人实施的；

（4）发包人提供的材料、工程设备的规格、数量或质量不符合合同约定，或因发包人原因导致交货日期延误或交货地点变更等情况的；

（5）因发包人违反合同约定造成暂停施工的；

（6）发包人无正当理由没有在约定期限内发出复工指示，导致承包人无法复工的；

（7）发包人明确表示或者以其行为表明履行合同主要义务的；

（8）发包人未能按照合同约定履行其他义务的。

发包人发生除本项第（7）项以外的违约情况时，承包人可向发包人发出通知，要求发包人采取有效措施纠正违约行为。发包人收到承包人通知后28天内仍不纠正违约行为的，承包人有权暂停相应部位工程施工，并通知监理人。

发包人承担因其违约给承包人增加的费用和（或）延误的工期，并支付承包人合理的利润。此外，合同当事人可在专用条款中另行约定发包人违约责任的承担方式和计算方法。

除专用合同条款另有约定外，承包人按约定暂停施工满28天后，发包人仍不纠正其违约行为并致使合同目的不能实现的，或出现第（7）项约定的违约情况，承包人有权解除合同，发包人应承担由此增加的费用，并支付承包人合理的利润。

2. 因发包人违约解除合同后的付款

承包人按照本款约定解除合同的，发包人应在解除合同后28天内支付下列款项，并解除履约担保：

（1）合同解除前所完成工作的价款；

（2）承包人为工程施工订购并已付款的材料、工程设备和其他物品的价款；

（3）承包人撤离施工现场以及遣散承包人相关人员的款项；

（4）按照合同约定在合同解除前应支付的违约金；

（5）按照合同约定应当支付给承包人的其他款项；

（6）按照合同约定应退还的质量保证金；

（7）因解除合同给承包人造成的损失。

合同当事人未能就解除合同后的结清达成一致的，按照争议解决的约定处理。

承包人应妥善做好已完工程和与工程有关的已购材料、工程设备的保护和移交工作，并将施工设备和人员撤出施工现场，发包人应为承包人撤出提供必要条件。

（二）承包人违约的情形

1. 因承包人违约解除合同

在合同履行过程中发生的下列情形，属于承包人违约：

（1）承包人违反合同约定进行转包或违法分包的；

（2）承包人违反合同约定采购和使用不合格的材料和工程设备的；

（3）因承包人原因导致工程质量不符合合同要求的；

（4）承包人违反材料与专用要求的约定，未经批准，私自将已按照合同约定进入施工现场的材料或设备撤离施工现场的；

（5）承包人未能按施工进度计划及时完成合同约定的工作，造成工期延误的；

（6）承包人在缺陷责任期及保修期内，未能在合理期限对工程缺陷进行修复，或拒绝按发包人要求进行修复的；

（7）承包人明确表示或者以其行为表明不履行合同主要义务的；

（8）承包人未能按照合同约定履行其他义务的。

承包人发生除第（7）项约定以外的其他违约情况时，监理人可向承包人发出整改通知，要求其在指定的期限内改正。

承包人应承担因其违约行为而增加的费用和（或）延误的工期。此外，合同当事人可在专用合同条款中另行约定承包人违约责任的承担方式和计算方法。

除专用合同条款另有约定外，出现第（7）项约定的违约情况时，或监理人发出整改通知后，承包人在指定的合理期限内仍不纠正违约行为并致使合同目的不能实现的，发包人有权解除合同。合同解除后，因继续完成工程的需要，发包人有权使用承包人在施工现场的材料、设备、临时工程、承包人文件和由承包人或以其名义编制的其他文件，合同当事人应在专用合同条款内约定相应费用的承担方式，发包人继续使用的行为不免除或减轻承包人应承担的违约责任。

2. 因承包人违约解除合同后的付款

因承包人原因导致合同解除的，则合同当事人应在合同解除后28天内完成估价、付款和清算，并按以下约定执行：

（1）合同解除后，按商定或确定承包人实际完成工作对应的合同价款，以及承包人已提供的材料、工程设备、施工设备和临时工程等的价值；

（2）合同解除后，承包人应支付的违约金；

（3）合同解除后，因解除合同给发包人造成的损失；

（4）合同解除后，承包人应按照发包人要求和监理人的指示完成现场的清理和撤离；

（5）承包人和发包人应在合同解除后进行清算，出具最终结清付款证书，结清全部款项。

因承包人违约解除合同的，发包人有权暂停对承包人的付款，查清各项付款和已扣款项。发包人和承包人未能就合同解除后的清算和款项支付达成一致的，按照争议解决的约定处理。

因承包人违约解除合同的，发包人有权要求承包人将其为实施合同而签订的材料和设备的采购合同的权益转让给发包人，承包人应在收到解除合同通知后14天内，协助发包人与采购合同的供应商达成相关的转让协议。

（三）第三人造成的违约情形

在履行合同过程中，一方当事人因第三人的原因造成违约的，应当向对方当事人承担违约责任。一方当事人和第三人之间的纠纷，依照法律规定或者按照约定解决。

二、因不可抗力解除合同

在工程项目的实施过程中，由于发生不可预见的事，故诸如自然或社会原因引起的合同解除后价款纠纷问题是常见的。比如 2008 年 5 月 12 日汶川大地震时，由于交通、通讯、邮电中断导致合同无法履行；由于银行汇兑、结算系统受损导致合同无法履行；由于厂房、重要生产设备在地震中受到损坏，生产能力降低导致合同无法履行等。这些原因使得工程很难进行下去，进而使发承包双方解除合同。价款的结算是合同解除后不可避免的，工程项目损失、承包人的损失等对工程价款影响重大，因此发承包双方必须详细了解价款结算费用包括哪些内容、结算程序等。

（一）结算费用内容

08 版《清单计价规范》中缺少合同解除的价款结算与支付相关条文，而 13 版《清单计价规范》对因双方协商一致、不可抗力、承包人违约及发包人违约导致的合同解除情况下的价款结算与支付做出了详细说明，明确了发承包双方的权利与责任，可以减少争议。在此之前，《合同法》、07 版《标准施工招标文件》、08 版《清单计价规范》等也均对不可抗力进行了描述。如图 12-3 所示。

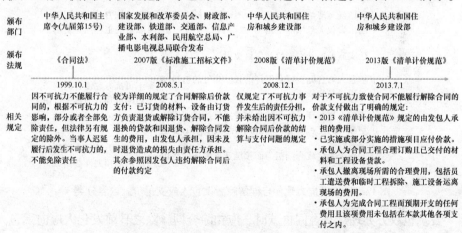

图 12-3　不可抗力致使合同解除的价款支付发展历程图

由在图 12-3 了解到，《合同法》、08 版《清单计价规范》对于不可抗力的确定以及不可抗力的损失承担有了明确的规定，但并未提出因不可抗力致使合同解除后价款结算与支付问题。《标准施工招标文件》虽然对于因不可抗力解除合同的价款支付有了相关说明，但并未给出明确的规定，直到 13 版《清单计价规范》的出现。

根据 13 版《清单计价规范》第 12.0.2 条规定，发包人应向承包人支付合同解除之日前已完成工程但尚未支付的合同价款，此外还应支付下列金额：

（1）13版《清单计价规范》第9.10.1条规定（不可抗力）的应由发包人承担的费用；

（2）已实施或部分实施的措施项目应付价款；

（3）承包人为合同工程合理订购且已交付的材料和工程设备货款；

（4）承包人撤离现场所需的合理费用，包括员工遣送费和临时工程拆除、施工设备运离现场的费用；

（5）承包人为完成合同工程而预期开支的任何合理费用，且该项费用未包括在本款其他各项支付之内；

其中，13版《清单计价规范》第9.10.1条规定的应由发包人承担的费用包括：合同工程本身的损害、因工程损害导致第三方人员伤亡和财产损失以及运至施工场地用于施工的材料和待安装的设备的损害；停工期间，承包人应发包人要求留在施工场地的必要的管理人员及保卫人员的费用；工程所需清理、修复费用。

从内容上看，不可抗力致使合同解除后发包人支付的价款可以分为三类，即工程损失费用、承包人的损失费用以及预期性费用，如图12-4所示。

不可抗力致使合同解除后发包人应支付价款	2013版《清单计价规范》中不可抗力部分规定的由发包人承担的费用	不可抗力致使合同解除后的工程损失费用
	已实施或部分实施措施项目费用	不可抗力致使合同解除后的承包人的损失费用
	承包人为合同工程合理订购且已交付的材料和工程设备货款	
	承包人撤离现场所需的合理费用包括员工遣送费和临时工程拆除、施工设备运离现场的费用	
	承包人为完成合同工程而预期开支的任何费用	不可抗力致使合同解除后的预期性费用

图12-4　不可抗力致使合同解除后发包人应支付价款内容分类

发承包双方办理结算合同价款时，应扣除合同解除之日前发包人应向承包人收回的价款。当发包人应扣除的金额超过了应支付的金额时，则承包人应在合同解除后的56天内将其差额退还给发包人。

（二）结算证据

证据作为价款结算的一部分，关系到价款结算的最终结果。证据不足或没有证据的情况下，承包人很难获得发包人应支付的费用。在不可抗力致使合同解除后的工程价款结算中更是要注重证据的收集，从而使承包人有依据地向发包人提出该项价款的支付。可以看出，证据在价款结算中的重要性。

1. 不可抗力致使合同解除后工程损失费用的结算证据

根据 13 版《清单计价规范》第 9.10.1 条规定，工程损失费用主要包括合同工程本身的损害、因工程损害导致第三方人员伤亡和财产损失以及运至施工场地用于施工的材料和待安装的设备的损害（停工期间人员管理费用及工程清理费用一般较少）。

工程本身的损失即已完工程实体的损坏，因此应根据双方确认的工程量及报价书或预算书的分部分项工程量清单单价计算确定。对于已完工程，若其中某单项工程已经竣工，且在不可抗力发生前已经进行结算，则该费用不包含在因不可抗力解除合同后的价款结算中；若其中单项工程承包人已经竣工，但竣工验收还未进行，则需要进行竣工结算，结算价款包含在因不可抗力致使合同解除后的价款结算中；若其中单项工程正在施工，且因不可抗力遭受损毁甚至灭失，则该工程的费用则需进一步确定。具体的内容包括：不可抗力致使合同解除前的已完工程的分部分项工程费用、不可抗力致使合同解除前的工程变更的费用、不可抗力致使合同解除前的签证、不可抗力致使合同解除前的对建设工程的价格调整后的费用、不可抗力致使合同解除前发包人根据工程需要分包出去的内容包含的费用等。

第三方的损失费用，则分为与工程有关的第三方的损失费用和与工程无关的第三方的损失费用。与工程有关的第三方是指直接或间接参与工程承建的单位或组织，如提供材料的供应商、与发包人直接签订合同的分包人或者与承包人签订合同的发包人、设计单位、咨询单位等。而与工程无关的第三方是指不参与工程承建的组织、单位或群体，但是由于不可抗力的发生，使得该组织、单位或群体与工程有了联系，并且遭受了一定的损失。

运至现场的材料和设备，首先，由于在设备及工器具购置费中含有设备，而建筑安装工程费的材料费中也含有设备，因此，需要区分哪些费用计入设备及工器具购置费，哪些费用计入建筑安装工程费。除此之外，还需确定运至现场的界定。在实践中，运至现场的材料应满足的条件包括：

（1）材料进场均需验收入库；

（2）发包人可以根据材料的合格证、出厂检验报告、合格证书、技术证书、材料防伪备案证明、产品合格证等对材料质量进行确定，以确保承包人供应的施工材料达到合同标准。否则，将不予支付损失价款；

（3）发包人还可以根据施工图、检验报告、进仓记录、出仓登记表、进出仓账单了解到施工材料的使用状况，进而确定材料具体的损失数量，从而得出应该支付给承包人的材料损失价款。

对于运至现场的设备发包人可以根据承包人的施工组织计划、设备安装施工计划、施工方案等来确定施工现场的设备是否为待安装的设备以及损失设备的规格、数量等，进一步确定应该支付给承包人的待安装设备的价款。

根据不可抗力致使合同解除后工程损失费用的具体内容以及结算实现过程，结算证据如图12-5所示。

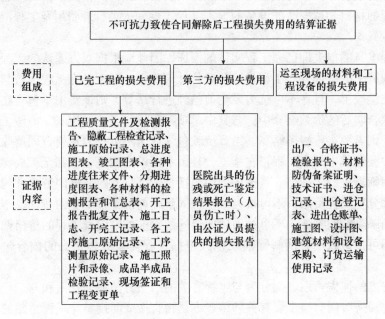

图 12-5　工程损失的结算证据

从图12-5中可以了解到，承包人在建设工程的施工过程中做的记录、拍的照片和录像、施工日志、在材料采购时产生的采购单以及材料的合格证书、进出仓库的登记表都可以作为向发包人进行合同解除后价款结算的证据。因此，承包人在进行施工的过程中，要做好资料的收集和整理工作。

2. 不可抗力致使合同解除后承包人损失的结算证据

承包人损失费用的结算证据分为三部分：已实施或部分实施的措施项目费用的证据；承包人为合同工程合理订购且已交付的材料和工程设备货款的证据；承包人撤离现场的费用的证据。详细证据如表12-2所示。

表 12-2　承包人损失费用的结算证据

序号	费用内容	结算证据
1	已实施或部分实施措施项目费用	书面技术交底、经由双方签字的文件、专项方案、施工过程中的模板的检查和验收资料、垂直运输设备方案、技术及安全交底、建筑平面图、设备报验材料、设备的安装方案、拆卸方案、监理对退场方案的审批、施工排水降水施工方案、现场的标志牌、平面布置图等、企业安全措施费总账、夜间施工许可证、措施项目清单、招投标文件、合同文本及附件

续表

序号	费用内容	结算证据
2	承包人为合同工程合理订购且已交付的材料和工程设备货款	工程总进度计划、资金使用计划、主要材料进场计划、承包人与供应商签订的合同（包含材料的供应条件、价格、价格所包含的内容及服务、付款时限等）、阶段性进度计划、详细的材料需求计划、采购订单、订单跟踪记录
3	撤离现场费用	监理对退场方案的审批、劳务合同、拆除合同、拆除方案、施工机械设备表、投标报价的相关文件包括清单计价表以及综合单价分析表等

3. 不可抗力致使合同解除后预期性费用的结算证据

工程的施工进度计划能够保证工程能够按时完工，因此承包人会严格按照施工进度计划进行作业（施工过程中发包人要求变更的除外），而按照施工进度计划组织施工，则需要每一道工序都能顺利进行，这样就要求承包人在进行下一道工序前做好充分的准备，由此会产生预期性费用。关于不可抗力致使合同解除后的预期性费用的结算证据，如图 12-6 所示。

图 12-6　预期性费用结算证据

对于预期性费用，虽然实际已经发生还未应用到建设工程施工中，但是费用还应该由发包人承担。因此承包人应提供有效证据并经发包人认可后方可得到该部分的价款。

（三）结算程序

不可抗力致使合同解除后的价款结算程序可以参考不可抗力导致承包人向发包人索赔的程序，具体包括：

（1）如承包人认为根据不可抗力事件任何条款或与合同有关的其他文件，有权要求发包人支付价款时，承包人向工程师发出通知，说明该不可抗力的事件或情况；

（2）承包人还应提供合同要求的其他通知以及与事件或情况相关的证据；

（3）承包人还应在现场或工程师接受的其他地点保存同期记录。工程师在收到承包人的通知后，在未承认是发包人的责任前，可以监管承包人同期记录情况，并可指示承包人进行进一步的记录。承包人应允许工程师查阅此项记录，并在工程师要求时提供复印件；

（4）承包人向工程师提供完整的报告，包括依据，款额等；

（5）工程师应在收到每项报告后在一定的时间内答复，予以批准。若不批准承包人要求发包人支付的价款，则应说明详细的原因，工程师可以要求承包人提交进一步的证据，但此情况下，也应将原则性的答复在上述时间内给出；

（6）发包人支付承包人相应价款，并颁发支付证书；

（7）支付证书中只包括已经被合理证明并到期应付的价款，当承包人提供的证据不能证明全部价款时，承包人仅有权获得经证实的部分。

不可抗力致使合同解除后的价款结算程序如图 12-7 所示。

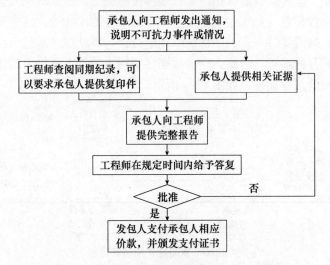

图 12-7　不可抗力致使合同解除后的价款结算程序

第十三章　质量保证金的处理

第一节　缺陷责任与保修

一、缺陷责任

（一）缺陷责任期的时间

《建设工程质量保证金管理暂行办法》（建质〔2005〕7 号）规定缺陷责任期一般为 6 个月、12 个月或 24 个月，具体可由发承包双方在合同中进行明确规定。在缺陷责任期内承包人需对已完工程中出现的质量问题承担保修的责任，且由此引起的维修费用应从发包方扣留的质量保证金中支付。但缺陷责任由承包人原因造成的承包人应负责维修，并承担鉴定及维修费用。在签订合同过程中，发承包双方应对工程缺陷责任期进行认真协商，确定出合理的缺陷责任期。

（二）缺陷责任期的起算点

缺陷责任期自实际竣工日期起计算。在全部工程竣工验收前，已经发包人提前验收的单位工程，其缺陷责任期的起算日期相应提前。由于发包人原因导致工程无法按规定期限进行竣（交）工的，在承包人提交竣（交）工验收报告 90 天后，工程自动进入缺陷责任期。

（三）缺陷责任期的调整

当承包人在缺陷责任期满时，没能完成缺陷责任的，或不履行缺陷责任的。发包人可要求承包人延长缺陷责任期，并督促承包人完成维修工作。

依据 13 版《示范文本》，工程竣工验收合格后，因承包人原因导致的缺陷或损坏致使工程无法使用、单位工程或某项主要设备不能按原定目的使用的，则发包人有权要求承包人延长缺陷责任期，并应在原责任期届满前发出延长通知，但缺陷期最长不能超过 24 个月。

（四）缺陷责任期内缺陷责任的承担

缺陷责任期内，由承包人原因造成的缺陷，承包人应负责维修，并承担鉴定及维修费用。如承包人不维修也不承担费用，发包人可按合同约定扣除质量保证金，并由承包人承担违约责任。承包人维修并承担相应费用后，不能免除对工程的一般损失赔偿责任。由他人原因造成的缺陷，发包人负责组织维修，承包人不承担费用，且发包人不得从质量保证金中扣除费用。

二、保修责任

（一）保修责任

工程保修期从工程竣工验收合格之日起算，具体分部分项工程的保修期由合同当事人在专用合同条款中约定，但不得低于法定最低保修年限。在工程保修期内，承包人应当根据有关法律规定以及合同约定承担保修责任。

发包人未经竣工验收擅自使用工程的，保修期自转移占有之日起算。

（二）修复费用

保修期内，修复的费用按照以下约定处理：

（1）保修期内，因承包人原因造成工程的缺陷、损坏，承包人应负责修复，并承担修复的费用以及因工程的缺陷、损失造成的人身伤害和财产损失；

（2）保修期内，因发包人使用不当造成工程的缺陷、损坏，可以委托承包人维修，但发包人应承担修复的费用，并支付承包人合理利润；

（3）因其他原因造成工程的缺陷、损坏，可以委托承包人修复，发包人应承担修复的费用，并支付承包人合理的利润，因工程的缺陷、损坏造成的人身伤害和财产损失由责任方承担。

（三）修复通知

在保修期内，发包人在使用过程中，发现已接收的工程存在缺陷或损坏的，应书面通知承包人予以修复，但情况紧急必须立即修复缺陷或损坏的，发包人可以口头通知承包人并在口头通知后 48 小时内书面确认，承包人应在专用合同条款约定的合理期限内到达工程现场并修复缺陷或损坏。

（四）未能修复

因承包人原因造成工程的缺陷或损坏，承包人拒绝维修或未能在合理期限内修复缺陷或损坏，且经发包人书面催告后仍未修复的，发包人有权自行修复或委托第三方修复，所需费用由承包人承担。但修复范围超出缺陷或损坏范围的，超出范围部分的修复费用由发包人承担。

（五）承包人出入权

在保修期内，为了修复缺陷或损坏，承包人有权出入工程现场，除情况紧急必须立即修复缺陷或损坏，承包人应提前 24 小时通知发包人进场修复的时间。承包人进入工程现场前应获得发包人同意，且不应影响发包人正常的生产经营，并应遵守发包人有关保安和保密等规定。

三、缺陷责任与保修责任的对比

（一）缺陷责任期与保修期的概念区别

1. 缺陷责任期

缺陷责任期是指承包人对已交付使用的合同工程承担合同约定的缺陷修复责任的期限，其实质上就是指预留质保金（即保证金）的一个期限，具体可由发承包双方在合同中约定。

2. 保修期

保修期自实际竣工日期起计算。保修的期限应当按照保证建筑物合理寿命期内正常使用，维护使用者合法权益的原则确定。按照《建设工程质量管理条例》的规定，保修期限如下：

（1）地基基础工程和主体结构工程，为设计文件规定的该工程的合理使用年限；

（2）屋面防水工程、有防水要求的卫生间、房间和外墙面的防渗漏为五年；

（3）供热与供冷系统为两个采暖期和供热期；

（4）电气管线、给排水管道、设备安装和装修工程为两年。

（二）缺陷责任期与保修期的履行时间区别

在工程移交发包人后，因承包人原因产生的质量缺陷，承包人应承担质量缺陷责任和保修义务。缺陷责任期满，承包人仍应按合同约定的工程各部位保修年限承担保修义务。

第二节　质量保证金

一、质量保证金的概述

（一）质量保证金的定义

《建设工程质量保证金管理暂行办法》（建质〔2005〕7号）规定：工程质量保证金是指发包人与承包人在建设工程承包合同中约定，从应付的工程款中预留，用以保证承包人在缺陷责任期内对建设工程出现的缺陷进行维修的资金。其中，缺陷是指建设工程质量不符合工程建设强制性标准、设计文件，以及承包合同的约定。

建设工程竣工结算后，发包人应按照约定及时向承包人支付工程结算价款并预留保证金，质量保障金用于承包人按照合同约定履行自身责任的工程缺陷修复义务，为发包人有效监督承包人完成缺陷修复提供资金保证。

（二）质量保证金的法律性质

质量保证金不是合同的违约金，不具有惩罚性，属于合同担保的一种方式。我国《担保法》所规定的担保形式，包括保证、抵押、质押、留置和定金五种，在建设工程合同担保中都有应用。采用扣押工程款、现金方式的质量保证金符合动产质押的特征，属于《担保法》规定的动产质押担保。

（三）质量保证金的约定

发包人应当在招标文件中明确质量保证金预留、返还等内容，并与承包人在合同条款中对涉及保证金的事项进行约定，包括：保证金预留、返还方式；保证金预留比例、期限；保证金是否计付利息，如计付利息，利息的计算方式；缺陷责任期的期限及计算方式；保证金预留、返还及工程维修质量、费用等争议的处理程序；缺陷责任期内出现缺陷的索赔方式。

二、质量保证金的预留

（一）质量保证金预留的方式

质量保证金的扣留有以下两种方式：

（1）逐次预留方式。监理人应从第一个付款周期开始，在发包人的进度付款中，按专用合同条款的约定扣留质量保证金，直至扣留的质量保证金总额达到专用合同条款约定的金额或比例为止。质量保证金的计算额度不包括预付款的支付、扣回以及价格调整的金额。

（2）一次预留方式。工程竣工结算时一次性扣留质量保证金。

（二）质量保证金预留的比例

发包人应按照合同约定的质量保证金比例从结算款中扣留质量保证金。全部或者部分使用政府投资的建设项目，按工程价款结算总额 5% 左右的比例预留保证金，社会投资项目采用预留保证金方式的，预留保证金的比例可以参照执行。发包人与承包人应该在合同中约定保证金的预留方式及预留比例，建设工程竣工结算后，发包人应按照合同约定，及时向承包人支付工程结算价款并预留保证金。

三、质量保证金的管理

（一）政府投资项目的质量保证金的管理

缺陷责任期内，实行国库集中支付的政府投资项目，质量保证金的管理应按国库集中支付的有关规定执行。其他的政府投资项目，质量保证金可以预留在财政部门或发包人。

缺陷责任期内，如发包人被撤销，质量保证金随交付使用资产一并移交使用单位管理，由使用单位代行发包人职责。

（二）社会投资项目的质量保证金的管理

社会投资项目采用预留质量保证金方式的，发承包双方可以约定将质量保证金交由金融机构托管；采用工程质量保证担保、工程质量保险等其他保证方式的，发包人不得再预留质量保证金，并按照有关规定执行。

四、质量保证金的返还

依据 13 版《清单计价规范》，在合同约定的缺陷责任期终止后的 14 天内，承包人向发包人提交到期应返还给承包人剩余的工程质量保证金金额申请，发包人在接到承包人返还保证金申请后，应于 14 日内会同承包人按照合同约定的内容进行核实。如无异议，发包人应在核实后 14 日内将保证金返还给承包人，逾期支付的，从逾期之日起，按照同期银行贷款利率计付利息，并承担违约责任。发包人在接到承包人返还保证金申请后 14 日内不予答复，经催告后 14 日内仍不予答复，视同认可承包人的返还保证金申请。

若在缺陷责任期满时，承包人没有完全缺陷责任的，发包人有权扣留与未履行责任胜于工作所需金额相应的质量保证金金额，并有权根据约定要求延长缺陷责任期，直至完成剩余工作为止。

第十四章　最终结清

第一节　最终结清的概述

一、最终结清的概念

最终结清是指合同约定的缺陷责任期终止后，承包人已按照合同规定完成全部剩余工作且质量合格的，发包人与承包人结清全部剩余款项的活动。

最终结清的概念来源于 1999 版 FIDIC《施工合同条件》的结清证明。1999 版 FIDIC《施工合同条件》规定承包商在提交最终报表时，应提交一份书面结清证明，确定最终报表上的总额代表了根据合同与合同有关的事项，应付给承包商的所有款项的全部和最终的计算总额。该结清证明可注册在承包商收到退回的履约担保和该总额中尚未付清的余额后生效，在此情况下，结清证明在该日期生效。07 版《标准施工招标文件》中首次出现最终结清，07 版《标准施工招标文件》中的最终结清属于合同管理的一个节点。13 版《示范文本》关于最终结清在整个合同履行过程中的节点如图 14-1 所示。

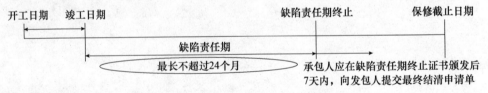

图 14-1　最终结清的时间节点示意图

工程项目完工并经竣工验收合格后，发承包双方会按照施工合同的约定对所完成的工程项目进行工程价款的计算、调整和确认，双方确认无误后，承包方会支付给发包方工程竣工结算款，但工程竣工结算款支付成功并不代表承包方的义务结束。工程项目自实际竣工之日起便进入缺陷责任期，该期限最长不超过 24 个月，承包人在缺陷责任期内对已交付使用的工程承担缺陷责任，负责修复所有工程缺陷和损坏。缺陷责任期内，发包人对已接受使用的工程负责日常维护工作。发包人在使用过程中，发现已接受的工程存在新的缺陷或已修复的缺陷部位或部件又遭到损坏的，承包人应负责修复，直到检验合格为止。缺陷责任期终止后，监理人会向承包人出具经发包人签认的缺陷责任期终止证书，并退还给承包人剩余的质量保证金。缺陷责任证书颁发后，承包人已完成全部承包工作，但合同的财务账目尚未结清，因此要求承包人应提交最终结清申请单，说明尚未结清的名目和金额，最终结清单的总金额根据合同规定应付给承包人的全部款项，并已包括结清全部索赔账单后的最终结算金额。最终结清时，如果发包人扣留的质量保证金不足以递减发包人损失的，承包人还应承担不足部分的赔偿责任。

二、最终结清款的内容

（一）发包人原因引起的费用

（1）若发包人未在规定时间内向承包人支付竣工结算款的，承包人有权获得延期支付利息。

（2）承包人自竣工结算后认为自己有权获得的索赔款额。

（3）发包人原因造成的缺陷和（或）损坏，发包人应承担维修和查检的费用，并支付承包人合理利润。

（4）任何一项缺陷或损坏修复后，经检查证明其影响了工程或工程设备的使用性能，承包人应重新进行合同约定的试验和试运行，若是发包人原因造成的，经试验和试运行的费用应由发包人承担。

（二）承包人原因引起的费用

（1）承包人原因造成的缺陷和（或）损坏，应由承包人承担修复和查检的费用。

（2）由于承包人原因造成的缺陷和（或）损坏，承包人不能在合理时间修复缺陷的，发包人可自行修复或委托其他人修复，所需费用和利润应由承包人承担。

（3）任何一项缺陷或损坏修复后，经检查证明其影响了工程或工程设备的使用性能，承包人应重新进行合同约定的试验和试运行，若是承包人原因造成的。则试验和试运行的费用应由承包人承担。

（4）最终结清时，如果承包人被扣留的质量保证金不足以抵减发包人工程缺陷修复费用的，承包人应承担不足部分的补偿责任。

承包人在提交的最终结清申请中，只限于提出竣工结算后的索赔，提出索赔的期限自发承包人最终结清时终止。

第二节 最终结清的程序

一、《建设工程施工合同（示范文本）》中的规定

依据 13 版《示范文本》，承包人应在缺陷责任期终止证书颁发后 7 天内，向发包人提交最终结清申请单，并提供相关证明材料，发包人应在收到承包人提交的最终结清申请单后 14 天内完成审批并向承包人颁发最终结清证书。最终结清的程序如图 14-2 所示。

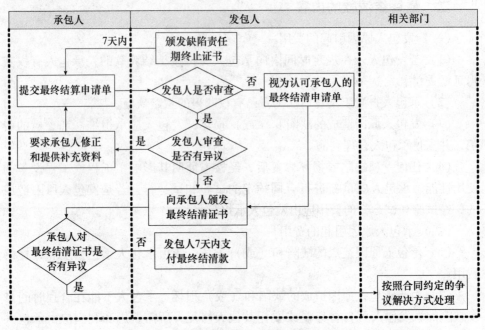

图 14-2　13 版《示范文本》中最终结清的程序

二、最终结清的支付

（一）最终结清申请单

缺陷责任期终止后，承包人已按照合同规定履行缺陷修复义务，发包人应向承包人颁发缺陷责任期终止证书，承包人应在缺陷责任期终止证书颁发后 7 天内，按合同约定的份数向发包人提交最终结清申请单，并提供相关证明材料，最终结清申请单应列明质量保证金、应扣除的质量保证金、缺陷责任期内发生的增减费用。发包人对最终结清申请单内容有异议的，有权要求承包人进行修正和提供补充资料，承包人应向发包人提交修正后的最终结清申请单。

表 14-1　最终结清申请单

工程名称：　　　　　　　　　　标段：　　　　　　　　　　　　编号：

致　　　　　　　　　　　　　　　　　　　　　　　　　　　　　　　（发包人全称）

　　我方于　　　　　至　　　　　期间已完成了缺陷修复工作，根据施工合同的约定，现申请支付最终结清合同款额为（大写）　　　　　　（小写　　　　　　），请予核准。

序号	名称	申请金额（元）	复核金额（元）	备注
1	已预留的质量保证金			
2	应增加因发包人原因造成缺陷的修复金额			
3	应扣减承包人不修复缺陷、发包人组织修复的金额			
4	最终应支付的合同价款			

承包人（章）

造价人员：　　　　　　　　　承包人代表：　　　　　　　　　日　　期：　　　　　　

复核意见： 　　与实际施工情况不相符，修改意见见附表。 　　与实际施工情况相符，具体金额由造价工程师复核。 监理工程师　　　　　 日　　期	复核意见： 　　你方提出的支付申请经复核，最终应支付金额为（大写）　　　　　（小写　　　　　）。 造价工程师　　　　　 日　　期

审核意见
　　不同意。
　　同意，支付时间为本表签发后的 15 天内。

发包人（章）　　　　　
发包人代表　　　　　
日　　期　　　　　

注：1. 在选择栏中的"□"内作标识"√"。
　　2. 本表一式四份，由承包人填报，发包人、监理人、造价咨询人、承包人各存一份。

（二）最终结清证书和支付

　　发包人应在收到承包人提交的最终结清申请单后 14 天内完成审批并向承包人颁发最终结清证书。发包人逾期未完成审批，又未提出修改意见的，视为发包人同意承包人提交的最终结清申请单，且自发包人收到承包人提交的最终结清申请单后 15 天起视为已颁发最终结清证书。

发包人应在颁发最终结清证书后 7 天内完成支付。发包人逾期支付的，按照中国人民银行发布的同期同类贷款基准利率支付违约金；逾期支付超过 56 天的，按照中国人民银行发布的同期同类贷款基准利率的两倍支付违约金。承包人对发包人颁发的最终结清证书有异议的，按照合同争议的解决方式处理。

三、案例分析

（一）案例背景

2010 年 10 月 9 日，乙施工企业（以下简称乙方）与甲公司（以下简称甲方）就某净水厂工程签订固定总价合同。2011 年 12 月 25 日，工程通过竣工验收并投入使用。2012 年 9 月 18 日，乙方向甲方发函，将 24 份有争议的工程项目费用单提交甲方，要求甲方研究解决。2012 年 9 月 28 日，双方召开专题会议，对少数尚有争议的费用项目，监理在其签发的会议纪要写明"如上述决定承包商不能接受的话，可以通过其他手段解决"。2012 年 11 月 26 日，经双方及监理单位签字认可确定了巨额工程结算金额为 762519 万元。随后，要求甲方支付原有争议的 24 项费用中未同意的 9 项费用。

（二）争议焦点

竣工结算后，承包人是否可提出索赔？竣工结算是否具有最终结清的性质？

（三）争议解决

1. 解决结果

（1）竣工结算后，承包人可提出索赔；

（2）竣工结算不具有"最终结清"的性质。

2. 解决依据

（1）我国法律对竣工结算书签订后是否能索赔并无规定，双方当事人对该问题有约定的，应当按约定处理；

（2）工程实践中，发承包双方在竣工结算过程中，对个别项目有分歧，但为了避免影响工程的交付使用等，双方先就没有争议的项目签订结算书，但竣工结算书未明示结算范围为施工合同范围内所有事项的结算或双方再无其他争议的表述，不能认为竣工结算书的签订是发承包双方就施工合同范围内的一切事项达成完全的、最终的一致意见；

（3）虽然《新红皮书》（FIDIC）《施工合同条件》规定"最终结算结束后发包人付款义务终止，承包人应在工程最终结算书中包括了索赔事宜，否则，对合同及施工引起的任何问题和事件，发包人对承包人不负有责任"，但是国际惯例并不适用于国内建设工程施工合同结算。综上所述，如果发承包方未明示竣工结算后双方再无其他争议，竣工结算后，任一方仍可提出索赔。在没有明确约定的情况下，不应认为竣工结算具有"最终结清"的性质。

第十五章　施工合同价款纠纷的处理

第一节　合同价款纠纷的概述

建设工程合同价款纠纷，是指发承包双方在建设工程合同价款的确定、调整以及结算等过程中所发生的争议。当订立合同双方的文化背景不同时，难免会对合同条款的理解不一致。而一旦当事人对合同条款产生了不一致的解读，或者合同对交易的某些情形未能做出详细约定，且合同当事人之间也无法就此达成新的意思表示一致，则产生了合同价款纠纷。建设工程施工合同纠纷案件的产生的原因一般为发包人拖欠工程款、承包人建设工程质量有缺陷、承包人逾期竣工等。此类案件争议的焦点繁多，如合同效力的认定、诉讼参加人的确定、举证责任分配、工程款的确定、工期认定、工程质量缺陷责任划分、违约责任的认定。

一、施工合同价款纠纷产生的原因

建设工程合同固然是当事人在意思表示一致基础上，明确各方权利义务关系而签订的，但因建设工程本身具有的复杂性、专业性、长期性等特征，其约定的权利义务关系常因各方见解不同而引起合同价款纠纷。

（一）建筑市场竞争过分激烈

在建筑工程合同商签期间，发包人和承包人的期望并无完全一致，发包人要求尽可能将合同价款压低并得到严格控制执行，而承包人希望提高合同价格。近几年，房地产行业发展迅猛，利润空间大，吸引了许多企业和个人投资。然而许多企业为了在激烈的市场竞争中顺利中标，只好在价格上退让，以免失去中标机会。但希望在执行合同中通过其他途径获得额外补偿，这种期望值的差异因暂时的妥协而签订了合同，为合同价款纠纷埋下了隐患。

（二）参与建筑活动的主体行为不规范

与我国经济社会改革开放的大好形势相适应，我国建筑业市场亦处于变革时代，并呈蓬勃发展之势。然而，我国关于建筑市场的相关法律法规尚不完善，存在严重的滞后性。市场中旧的经济秩序被打破，新的经济秩序尚未建立，这便导致建筑业市场中的不规范行为相当严重。例如参与建筑活动的主体行为不规范，承包人没有资质或者超越资质承揽工程，或者通过挂靠、内部承包等形式借用资质承包工程。此外，相关的法律法规尚未健全，一些建设行政主管部门疏于职守，为建筑市场主体产生违法行提供了方便，在很大程度上促使施工合同价款纠纷案件不断发生。

（三）合同不完备性

在合同的执行过程中，会存在各种各样的风险事件，由于合同的不完备性，使得此类不确定性和突发因素由于很难在订立合同时充分预见，人们无法根据未来情况做出计划，往往是计划不如变化，诸如长期冰雪雨冻或阴雨等天气原因影响施工进度及施工质量，材料价格受市场因素涨跌幅度过大而影响工程成本，法律或者政策的突发变化等等。因此一旦发生此类情形，发承包双方除非能基于友好合作关系进行协商谈判，互谅互让，否则极易引发合同价款纠纷。

（四）施工合同履行时间长

因建设工程的施工期限一般较长，尤其是一些大型工程的施工期限更是长达几年之久。在此长期合作的过程中，双方对于彼此的不满逐渐累积，或者对于合同主要条款等的不同意见逐渐增多，容易引起争议。就承包人而言，由于工期时间跨度长，外部环境的不断变化，难免会有事先的估计不足或事中的处置不当的事件发生，使得施工成本提高而导致亏损，或者出现工期拖延等情况。对此，承包人往往寄希望于发包人能给予补偿，而对于发包人来说，其认为这种未约定的补偿将使其无法控制工程承包而拒绝，由此双方产生价款纠纷。

（五）合同当事人法律意识淡薄

合同当事人的相关法律知识、法律意识淡薄，也是导致施工合同价款纠纷不断发生的主要原因。当事人订立的建设施工工程合同中，经常会出现约定不明、相互矛盾的条款，如进度款支付的期限和约定方式不明确，仅约定为"基础完成"、"结构封顶"等，含义模糊，因而容易引起价款纠纷。此外，在合同履行过程中，合同当事人不注重证据的效力，未妥善保管证据，如施工方对施工资料保管不善；签证单未经发包人签字；遗失或遗落相关证据，从而导致在诉讼时无法举证。这些原因都在一定程度上导致合同价款纠纷案件的产生。

二、常见的施工合同价款纠纷

由于建设工程的长期性、复杂性、专业性，以及上文分析的各种施工合同价款纠纷产生原因，发承包双方在履行建设工程施工合同时所发生合同价款纠纷也逐渐呈现出多样性、复杂性的态势。

（一）建设工程施工合同无效的价款纠纷

对于建筑工程施工合同，《最高人民法院关于审理建设工程施工合同纠纷案件适用法律问题的解释》第一条规定，建设工程施工合同具有下列情形之一的，认定为无效："（1）承包人未取得建筑施工企业资质或者超越资质等级的；

（2）没有资质的实际施工人借用有资质的建筑施工企业的名义的；（3）建筑工程必须进行招标而未招标或者中标无效的。"第四条规定："承包人非法转包、违法分包建设工程或者没有资质的实际施工人借用有资质的建筑施工企业名义与他人签订建设工程施工合同的行为无效。"建设工程合同是否有效，应该从签约主体（是否有资质）、签约的前提条件（是否需要进行招标）、签约的背景（是否存在违法分包、非法转包）等方面进行认定。合同一旦被确认为无效，合同关系不再存在，原合同对于合同当事人不再具有约束力，当事人不再享有和承担原合同规定的权利与义务，当事人易因合同价款产生纠纷。综合考虑建设工程施工合同的特点和实际情况，无效建设工程施工合同引起的价款纠纷主要分为以下几类：

1. 建设工程施工合同订立后尚未履行前被确认无效而引发的价款纠纷

建设工程施工合同在尚未履行前被确认为无效的，双方当事人均不能再继续履行。此时，无效建设施工合同便按照缔约过失处理，即有过错的一方应赔偿另一方因合同无效而造成的损失，若双方均有过错，应依照过错大小承担相应责任。但是，无效建设工程施工合同的赔偿责任不易确定，双方当事人容易就赔偿责任的划分产生歧义，从而引发合同价款纠纷。如当事人一方有过错时，除了应自行承担损失外，还要承担无过错方的实际损失。

2. 建设工程施工合同所约定的工程已经开工但尚未完工时被确认无效引发的合同价款纠纷

建设工程施工合同所约定的工程已经开工但尚未完工时被确认无效后，应当立即停止履行。无效的建设工程施工合同自始无效，双方均不能再按照合同约定履行。按照一般无效合同的处理原则，当建设工程施工合同被确认为无效后，施工方应该将已经完成的部分工程拆除，建设方支付的工程款应该由施工方返还。但在具体实践中，我们区分不同情况处理。对于一些已完部分工程质量低劣，无法弥补质量缺陷的，可以按照一般处理原则进行处理，拆除已经完成部分工程，施工方将工程款返还给建设方。对于已完部分工程质量合格或者能够以较小代价弥补质量缺陷的，应该折价补偿。但是，当事人易就折价的比例产生争议，进而引发合同价款纠纷。

3. 建设工程施工合同已经履行完毕后被确认无效而引发的合同价款纠纷

合同被确认无效后，将导致合同自始无效，即自合同订立时起就无效，而不是从合同被认定无效之时起无效。建设工程项目竣工后，建设工程施工合同被确认为无效合同，合同关系不再存在，而施工方已投资建设工程项目，建设方是否应参照合同约定支付施工方工程价款成为当事人争论的焦点。此情况应按照《最高人民法院关于审理建设工程施工合同纠纷案件适用法律问题的解释》第二条和第三条规定处理。该司法解释第二条规定："建设工程施工合同无效，但建设工程经竣工验收合格，承包人请求参照合同约定支付工程价款的，应予支持。"第三条规定："建设工程施工合同无效，且建设工程经竣工验收不合格的，按照以下情形分别处理：（1）修复后的建设工程经竣工验收合格，发包人请求承包人承担修复费用的，应予支持；（2）修复后的建设工程经竣工验收不合格，承包人请求支付工程价款的，不予支持。因建设工程不合格造成的损失，发包人有过错的，也应承担相应的民事责任。"

（二）垫资施工合同的价款纠纷

目前，建筑市场始终是发包人处于优势地位，承包人处于劣势地位，承包人为了接到建设项目，不惜向发包人做出各种让步，垫资就是一种典型的方式。所谓垫资就是指在工程项目建设过程中，承包人利用自有资金为发包人垫资进行工程项目建设，直至工程施工至约定条件或全部工程施工完毕后，再由发包人按照约定支付工程价款。虽然在我国境内带资承包工程，合同中的带资条款认定有效，但是大量带资、垫资行为的存在，致使一些建设资金不足甚至没有资金的建设项目在开发，其直接后果是导致工程质量下降，产生了拖欠施工方工程款的现象，从而引发建设工程合同价款纠纷案件层出不穷。考虑到垫资施工已成为一种普遍现象，《最高人民法院关于审理建设工程施工合同纠纷案件适用法律问题的解释》认可了垫资条款的效力，并做出以下规定："当事人对垫资和垫资利息有约定，承包人请求按照约定返还垫资及其利息的，应予支持，但是约定的利息计算标准高于中国人民银行发布的同期同类贷款利率的部分除外。当事人对垫资没有约定的，按照工程欠款处理。当事人对垫资利息没有约定，承包人请求支付利息的，不予支持。"

（三）施工合同解除后的价款纠纷

合同的解除是指当事人一方在合同规定的期限内未履行、未完成或不能履行合同时，另一方当事人或者发生不能履行情况的当事人可以根据法律规定的或者合同约定的条件，通知对方解除双方合同关系的法律行为。为了便于实践中准确地解决当事人要求解除建设工程合同的问题，《最高人民法院关于审理建设工程施工合同纠纷案件适用法律问题的解释》明确了发包人、承包人可以行使合同解除权的几种情形。该司法解释第八条规定，"承包人具有下列情形之一，发包人可请求解除建设工程施工合同的，应予支持：（1）明确表示或者以行为表明不履行合同主要义务的；（2）合同约定的期限内没有完工，且在发包人催告的合理期限内仍未完工的；（3）已经完成的建设工程质量不合格，并拒绝修复的；（4）将承包的建设工程非法转包、违法分包的。"同时，第九条还规定，"发包人具有下列情形之一，致使承包人无法施工，且在催告的合理期限内仍未履行相应义务，承包人可请求解除建设工程施工合同的：（1）未按约定支付工程价款的；（2）提供的主要建筑材料、建筑构配件和设备不符合强制性标准的；（3）不履行合同约定的协助义务的。"

合同解除后，合同当事人之间的权利义务终止，当事人容易因已完工程的折价补偿问题产生争议，引发价款纠纷。如建设工程合同解除之后，发包人应对已完工程支付相应的工程价款，然而，已完工程合格与否，直接关系到该工程对于发包人是否具有利用价值，发包人订立的合同目标是否实现，发包人是否应对已完工程支付相应价款及支付价款的数量成为争议的焦点。因此，基于当事人间权利义务一致性的原则，《最高人民法院关于审理建设工程施工合同纠纷案件适用法律问题的解释》区分了工程合格与不合格的几种情况，分别规定了不同的处理原则。该司法解释第十条规定："建设工程施工合同解除后，已经完成的建设工程质量合格的，发包人应当按照约定支付相应的工程价款；已经完成的建设工程质量不合格的，参照本解释第三条规定处理。因一方违约导致合同解除的，违约方应当赔偿因此而给对方造成的损失。"该司法解释第三条规定："建设工程施工合同无效，且建设工程经竣工验收不合格的，按照以下情形分别处理：（1）修复后的建设工程经竣工验收合格，发包人请求承包人承担修复费用的，应予支持；（2）修复后的建设工程经竣工验收不合格，承包人请求支付工程价款的，不予支持。因建设工程不合格造成的损失，发包人有过错的，也应承担相应的民事责任。"

（四）工程质量问题的合同价款纠纷

在建设工程合同中，承包人的主要义务就是完成合同约定的施工任务，向发包人交付合格的工程，因此承包人对其所建设的工程存在质量担保义务。承包人交付符合质量要求的建设工程是获取工程款的前提，若工程质量存在缺陷，应先认定工程质量责任主体，明确各自的责任范围。由于一项建设工程包含发包方、勘察单位、设计单位、施工单位、监理单位的全部工作，任何一方的工作瑕疵均可能造成工程质量的缺陷，因此，当工程发生质量缺陷时，难以明确质量缺陷过错的责任方，建设工程的相关方容易推卸责任，不履行质量保证义务，进而引发合同价款纠纷。为了便于实践中明确质量缺陷过错的责任方，《最高人民法院关于审理建设工程施工合同纠纷案件适用法律问题的解释》第十二条规定："发包人具有下列情形之一，造成建设工程质量缺陷，应当承担过错责任：（1）提供的设计有缺陷；（2）提供或者指定购买的建筑材料、建筑构配件、设备不符合强制性标准；（3）直接指定分包人分包专业工程。承包人有过错的，也应当承担相应的过错责任。"同时，该司法解释还规定："因承包人的过错造成建设工程质量不符合约定，承包人拒绝修理、返工或者改建，发包人请求减少支付工程价款的，应予支持。"

虽然《建筑法》和《合同法》均规定，建筑工程经竣工验收后，方可使用；未经验收或者验收不合格的，不能交付使用。但是，在实际生活中，发包人会在建筑工程未经竣工验收或者竣工验收未通过的情况下，擅自或者强行使用建筑工程。若发包人擅自使用未经竣工验收的建设工程，且出现质量问题的，究竟哪一方认定为责任的承担方，对当事人来说至关重要，因而它成为当事人争议的焦点。为此《最高人民法院关于审理建设工程施工合同纠纷案件适用法律问题的解释》对该问题做出如下规定："建设工程未经竣工验收，发包人擅自使用后，又以使用部分质量不符合约定为由主张权利的，不予支持；但是承包人应当在建设工程的合理使用寿命内对地基基础工程和主体结构质量承担民事责任。"

（五）竣工日期模糊的合同价款纠纷

竣工是指工程完工即承包人完成施工任务。一般来说，工程竣工后，发包人会对建设工程项目进行竣工验收，确认合格后予以接收。然而在工程实践中，承包人工程完工之日与实际的竣工验收合格之日经常会有一个时间差，那么究竟应该以哪个时间点作为竣工时间，对建设项目双方来说都很重要，因为其涉及工程款的支付时间和利息的起算时间、风险转移等重要问题，所以它经常成为当事人之间争论的焦点。为此《最高人民法院关于审理建设工程施工合同纠纷案件适用法律问题的解释》对该问题做出了明确的规定："当事人对建设工程实际竣工日期有争议的，按照以下情形分别处理：（1）建设工程经竣工验收合格的，以竣工验收合格之日为竣工日期；（2）承包人已经提交竣工验收报告，发包人拖延验收的，以承包人提交验收报告之日为竣工日期；（3）建设工程未经竣工验收，发包人擅自使用的，以转移占有建设工程之日为竣工日期。"该司法解释还规定，"建设工程竣工前，当事人对工程质量发生争议，工程质量经鉴定合格的，鉴定期间为顺延工期期间。"

（六）工程设计变更的合同价款纠纷

工程项目的复杂性决定发包人在招标投标阶段所确定的方案往往存在某方面的不足。随着工程的进展和对工程本身认识的加深，以及其他外部因素的影响，常常在工程施工过程中需要对工程的范围、技术要求等进行修改，形成工程变更。工程设计变更导致建设工程的工程量或者质量标准发生变化，对施工进度有很大影响，容易造成投资失控，引发合同价款纠纷。为防止该合同价款纠纷的产生，《最高人民法院关于审理建设工程施工合同纠纷案件适用法律问题的解释》第十六条做出规定，"当事人对建设工程的计价标准或者计价方法有约定的，按照约定结算工程价款。因设计变更导致建设工程的工程量或者质量标准发生变化，当事人对该部分工程价款不能协商一致的，可以参照签订建设工程施工合同时当地建设行政主管部门发布的计价方法或者计价标准结算工程价款。"

（七）工程结算价款纠纷

1. 由"黑白合同"引起的工程结算价款纠纷

在建设工程招投标中，有的当事人为了获取不正当利益，在签订中标合同前后，往往就同一工程项目再签订一份或者多份与中标合同的工程价款等主要内容不一致的合同，如果出现"黑白合同"，一方当事人主张按照"黑合同"结算，另一方当事人则主张按照"白合同"结算的，则会引发合同价款纠纷。鉴于此，《最高人民法院关于审理建设工程施工合同纠纷案件适用法律问题的解释》就该问题做出了明确规定，"当事人就同一建设工程另行订立的建设工程施工合同与经过备案的中标合同实质性内容不一致的，应当以备案的中标合同作为结算工程价款的根据。"

2. 由工程款结算依据引起的工程结算价款纠纷

在建设工程中，合同当事人均应当诚实守信地履行合同中各自的义务，承包人应当按时、按质地完成施工任务，发包人则应当及时支付工程款。然而在工程实践中经常发生这种情况，承包人施工完毕后，将竣工文件提交给发包人，而发包人却因种种原因迟迟不予回复，亦不支付工程款。承包人认为发包人接收竣工结算文件后，应按照文件中的竣工结算价予以支付，而发包人却认为承包人所制作的竣工结算文件仅为其单方的意思表示，并未得到发包人的同意，认为应当进行审价，按实结算。鉴于双方对于工程款的结算依据有所争议，容易引发工程价款纠纷，《最高人民法院关于审理建设工程施工合同纠纷案件适用法律问题的解释》做出了明确规定，"当事人约定，发包人收到竣工结算文件后，在约定期限内不予答复，视为认可竣工结算文件的，按照约定处理。承包人请求按照竣工结算文件结算工程价款的，应予支持。"

3. 由工程欠款的利息支付引起的工程结算价款纠纷

工程价款包括工程预付款、工程进度款和工程竣工结算余款。发包人应按时足额支付工程款，若发包人未按时足额支付工程，法律规定发包人除支付工程款外，还应支付应欠付工程款的利息。当事人对欠付工程价款利息计付标准有约定的，按照约定处理，利息从应付工程价款之日计付。若当事人对付款时间没有约定或者约定不明的，当事人对工程价款利息的起算时间认定极易产生争议。《最高人民法院关于审理建设工程施工合同纠纷案件适用法律问题的解释》对于利息的计算标准及起算时间均做出规定，第十七条规定："当事人对欠付工程价款利息计付标准有约定的，按照约定处理；没有约定的，按照中国人民银行发布的同期同类贷款利率计息。"第十八条规定："利息从应付工程价款之日计付。当事人对付款时间没有约定或者约定不明的，下列时间视为应付款时间：（1）建设工程已实际交付的，为交付之日；（2）建设工程没有交付的，为提交竣工结算文件之日；（3）建设工程未交付，工程价款也未结算的，为当事人起诉之日。"

第二节　施工合同价款的解决方式

一、合同价款处理的依据及程序

（一）合同价款处理的依据

（1）当事人双方认定的各相关专业工程设计图纸、设计变更、现场签证、技术联系单、图纸会审记录；

（2）当事人双方签订的施工合同、各种补充协议；

（3）当事人双方认定的主要材料、设备采购发票、加工订货合同及甲供材料的清单；

（4）工程预（结）算书；

（5）招投标项目要提供中标通知书及有关的招投标文件；

（6）经委托方批准的施工组织设计、年度形象进度记录；

（7）当事人双方认定的其他有关资料；

（8）合同执行过程中的其他有效文件。

（二）合同价款处理的程序

合同价款纠纷有五种解决途径：和解、调解、争议评审、仲裁和诉讼。建设工程合同价款纠纷发生后，当事人可以通过和解或者调解解决合同争议。当事人不愿和解、调解或者和解、调解不成的，可以采取争议评审方式解决争议。争议评论法无法解决合同价款纠纷可根据仲裁协议向仲裁机构申请仲裁。当事人没有订立仲裁协议或者仲裁协议无效的，可以向人民法院起诉。当事人应当履行发生法律效力的法院判决或裁定、仲裁裁决、法院或仲裁调解书；拒不履行的，对方当事人可以请求人民法院执行。合同价款纠纷处理的程序如图 15-1 所示。

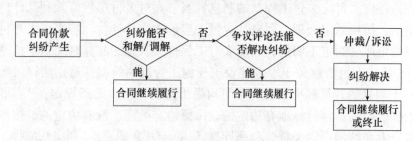

图 15-1　合同价款纠纷处理的程序图

二、和解

和解是指当事人在自愿互谅的基础上，就已经发生的争议进行协商并达成协议，自行解决争议的一种方式。发生合同争议时，当事人应首先考虑通过和解解决争议。合同争议和解解决方式简便易行，能经济、及时地解决纠纷，同时有利于维护合同双方的友好合作关系，使合同能更好地得到履行。根据 13 版《清单计价规范》的规定，双方可通过以下方式进行和解：

（1）监理或造价工程师暂定。若发包人和承包人之间就工程质量、进度、价款支付与扣除、工期延期、索赔、价款调整等发生任何法律上、经济上或技术上的争议，首先应根据已签约合同的规定，提交合同约定职责范围内的总监理工程师或造价工程师解决，并抄送另一方。总监理工程师或造价工程师在收到此提交件后 14 天内应将暂定结果通知发包人和承包人。发承包双方对暂定结果认可的，应以书面形式予以确认，暂定结果成为最终决定。

发承包双方在收到总监理工程师或造价工程师的暂定结果通知之后的 14 天内，未对暂定结果予以确认也未提出不同意见的，视为发承包双方已认可该暂定结果。

发承包双方或一方不同意暂定结果的，应以书面形式向总监理工程师或造价工程师提出，说明自己认为正确的结果，同时抄送另一方，此时该暂定结果成为争议。在暂定结果不实质影响发承包双方当事人履约的前提下，发承包双方应实施该结果，直到其按照发承包双方认可的争议解决办法被改变为止。

（2）协商和解。合同价款争议发生后，发承包双方任何时候都可以进行协商。协商达成一致的，双方应签订书面和解协议，和解协议对发承包双方均有约束力。如果协商不能达成一致协议，发包人或承包人都可以按合同约定的其他方式解决争议。

三、调解

按照《中华人民共和国合同法》的规定，当事人可以通过调解解决合同争议，但在工程建设领域，目前的调解主要出现在仲裁与诉讼中，即所谓司法调解。13 版《示范文本》提出了通过建设行政主管部门、行业协会或其他第三方进行调解，调解达成协议，即所谓行政调解。司法调解耗时较长，且增加了诉讼成本；行政调解手段受行政管理人员专业水平、处理能力等影响，调解效果也受到限制。因此，13 版《清单计价规范》提出发承包双方约定争议调解人思路。13 版《清单计价规范》规定了以下主要内容：

（1）约定调解人。发承包双方应在合同中约定或在合同签订后共同约定争议调解人，负责双方在合同履行过程中发生争议的调解。合同履行期间，发承包双方可以协议调换或终止任何调解人，但发包人或承包人都不能单独采取行动。除非双方另有协议，在最终结清支付证书生效后，调解人的任期即终止。

（2）争议的提交。如果发承包双方发生了争议，任何一方可以将该争议以书面形式提交调解人，并将副本抄送另一方，委托调解人调解。发承包双方应按照调解人提出的要求，给调解人提供所需要的资料、现场进入权及相应设施。调解人应被视为不是在进行仲裁人的工作。

（3）进行调解。调解人应在收到调解委托后 28 天内，或由调解人建议并经发承包双方认可的其他期限内，提出调解书，发承包双方接受调解书的，经双方签字后作为合同的补充文件，对发承包双方具有约束力，双方都应立即遵照执行。

（4）异议通知。如果发承包任一方对调解人的调解书有异议，应在收到调解书后 28 天内向另一方发出异议通知，并说明争议的事项和理由。但除非并直到调解书在协商和解或仲裁裁决、诉讼判决中做出修改，或合同已经解除，承包人应继续按照合同实施工程。

如果调解人已就争议事项向发承包双方提交了调解书，而任一方在收到调解书后 28 天内，均未发出表示异议的通知，则调解书对发承包双方均具有约束力。

四、争议评审

争议评审是合同当事人在专用合同条款中约定采取争议评审方式解决争议以及评审规则，促使达成协议解决纠纷的一种途径，13 版《示范文本》规定了以下主要内容：

（1）争议评审小组的确定。合同当事人可以共同选择一名或三名争议评审员，组成争议评审小组。除合同条款另有约定外，合同当事人应当自合同签订后 28 天内，或者争议发生后 14 天内，选定争议评审员。

选择一名争议评审员的，由合同当事人共同确定；选择三名争议评审员的，各自选定一名，第三名成员为首席争议评审员，由合同当事人共同确定或由合同当事人委托已选定的争议评审员共同确定，或由专用合同条款约定的评审机构指定第三名首席争议评审员。

除合同条款另有约定外，评审员报酬由发包人和承包人各承担一半。

（2）争议评审小组的决定。合同当事人可在任何时间将与合同有关的任何争议共同提请争议评审小组进行评审。争议评审小组应秉持客观、公正原则，充分听取合同当事人的意见，依据相关法律、规范、标准、案例经验及商业惯例等，自收到争议评审申请报告后 14 天内做出书面决定，并说明理由。合同当事人可以在合同条款中对本项事项另行约定。

（3）争议评审小组决定的效力。争议评审小组做出的书面决定经合同当事人签字确认后，对双方具有约束力，双方应遵照执行。任何一方当事人不接受争议评审小组决定或不履行争议评审小组决定的，双方可选择采用其他争议解决方式。

五、仲裁或诉讼

仲裁是当事人根据在纠纷发生前或纠纷发生后达成的仲裁协议，自愿将纠纷提交仲裁机构做出裁决的一种纠纷解决方式。民事诉讼是指人民法院在当事人和其他诉讼参与人的参加下，以审理、判决、执行等方式解决民事纠纷的活动。用何种方式解决争端关键在于合同中是否约定了仲裁协议。

（1）仲裁方式的选择。如果发承包双方的协商和解或调解均未达成一致意见，其中的一方已就此争议事项根据合同约定的仲裁协议申请仲裁，应同时通知另一方。

仲裁可在竣工之前或之后进行，但发包人、承包人、调解人各自的义务不得因在工程实施期间进行仲裁而有所改变。如果仲裁是在仲裁机构要求停止施工的情况下进行，承包人应对合同工程采取保护措施，由此增加的费用由败诉方承担。

若双方通过和解或调解形成的有关的暂定或和解协议或调解书已经有约束力的情况下，如果发承包中一方未能遵守暂定或和解协议或调解书，则另一方可在不损害他可能具有的任何其他权利的情况下，将未能遵守暂定或不执行和解协议或调解书达成的事项提交仲裁。

（2）诉讼方式的选择。发包人、承包人在履行合同时发生争议，双方不愿和解、调解或者和解、调解不成，又没有达成仲裁协议的，可依法向人民法院提起诉讼。

第三节　典型合同价款纠纷的案例评析

案例一　建设工程施工合同无效的价款纠纷

（一）案例背景

甲公司将某花园商城发包给乙建筑公司承包。2009 年 5 月 1 日，刘某以合同乙方丙建筑有限责任公司代理人的身份，叶某以丁建设公司代理人的身份分别与乙建筑公司签订《工程施工劳务合同》。合同内容分别为负责承包 A1 栋、A3 栋的土建、装修、水电等工程施工，承包方式为自带机具的劳务承包。合同价计算方法为：由乙方提供所有的机械设备，材料数量按定额含量的 95% 由乙方包干使用，节奖超扣；材料单价按施工当期信息计算，主要材料由甲方供应，并收取2% 的采保费。最终结算总价以乙方实际完成并经甲方签订的合格工程数量计算确定。合同还约定了双方的权利和义务等内容。

工程完工后，经验收合格并交付发包人使用，但由于合同双方就工程款结算发生纠纷，刘某与叶某均按自行结算的价款，要求乙建筑公司支付剩余工程款共计 105 万元，并将其起诉到人民法院。

（二）争议焦点

《工程劳务施工合同》是否为无效合同？

（三）争议解决

1. 解决结果

刘某与叶某作为实际的施工人，借用有资质的建筑施工企业签订的合同为无效合同。工程合同无效后，合同条款自然没有约束力。考虑到本案中工程竣工验收合格，虽合同无效，但仍应按照双方合同约定支付工程款。

2. 解决依据

《最高人民法院关于审理建设工程施工合同纠纷案件适用法律问题的解释》的第四条规定："承包人非法转包、违法分包建设工程或者没有资质的实际施工人借用有资质的建筑施工企业名义与他人签订建设工程施工合同的行为无效。"第二条规定："建设工程施工合同无效，但建设工程经竣工验收合格，承包人请求参照合同约定支付工程价款的，应予以支持。"

案例二　垫资施工合同的价款纠纷

（一）案例背景

某开发商与某建筑公司谈判建筑工程施工合同时，要求该建筑公司必须先行垫资。该建筑公司为了获得签约，答应了开发商的要求，但对垫资做如何处理没有做出特别约定。当工程按期如约完工后，该建筑公司要求开发商除支付工程款外，还应先将之前的工程垫资款按照借款处理，并支付相应利息。

（二）争议焦点

该建筑公司要求开发商将工程垫资按借款处理并支付相应的利息是否可以得到法律的支持？

（三）争议解决

1. 解决结果

建筑公司要求开发商支付工程垫资款的要求可以得到法律支持，但是对其按借款并支付相应利息的要求不符合司法解释的规定，不能得到法律的支持。

2. 解决依据

《最高人民法院关于审理建设工程施工合同纠纷案件适用法律问题的解释》第六条规定："当事人对垫资和垫资利息有约定，承包人请求按照约定返还垫资及其利息的，应予以支持，但是约定的利息计算标准高于中国人民银行发布的同期同类贷款利息的部分除外。当事人对垫资没有约定的，按照工程欠款处理。当事人对垫资利息没有约定，承包人请求支付利息的，不予支持。"

案例三　施工合同解除后的价款纠纷

（一）案例背景

2005 年 10 月 19 日，甲建筑公司与乙公司签订了《污水处理扩建工程总承包施工合同》一份，约定：乙公司作为发包方将其污水处理扩建工程交承包方甲建筑公司总承包，合同价款暂定为人民币 500 万元。合同同时还约定承包人向发包人提供履约担保。2006 年 1 月 12 日，甲建筑公司向乙公司支付了保证金 50 万元，乙公司亦向甲建筑公司出具了收据一份。上述合同签订后，该工程因故未能施工，故双方与 2006 年 3 月 21 日签订了《解除合同协议》一份，约定：双方自愿解除总承包合同，但前期承包方向发包方汇入的合同履约金人民币 50 万元，发包方应在协议签订后 10 天内一次性退还给承包方，同时双方也申明同意互补追究双方的一切责任。协议还约定，本协议只有在发包方归还承包方履约保证金的前提下才正式生效。2006 年 4 月 12 日，乙公司向甲建筑公司开具了用途为返还保证金、金额为 50 万元的支票一张。后因乙公司账户无款，故甲建筑公司向乙公司退还了上述支票。2006 年 4 月 14 日，乙公司向甲建筑公司出具了承诺书一份，其中载明："今乙公司承诺甲建筑公司，在本月 20 日给予公司结款人民币 50 万元。如不能结款，承担相应的责任。"2006 年 4 月 24 日，乙公司又向甲建筑公司开具了用途为归还保证金、金额为 10 万元的支票一张，甲建筑公司将上述支票提交银行提示付款时，被银行以日期大写不规范而退票。

甲建筑公司认为，双方签订了《解除合同协议》后，乙公司严重缺乏商业诚信，至今未退还上述保证金，故诉至法院，请求乙公司退还履约保证金 50 万元。

（二）争议焦点

当事人协议解除合同后，乙公司应履行解除合同协议？

（三）争议解决

1. 解决结果

协议解除体现当事人的意思表示，反映了合同自治原则。当事人达成解除合同协议也是一种合同，该合同一旦成立，便发生法律效力，当事人应当依约履行。本案中，双方当事人就终止《污水处理扩建工程总承包施工合同》所达成《解除合同协议》，双方当事人真实意思表示，应属有效，乙公司理应按约退回保证金。故乙公司应履行解除合同协议，在判决生效之日起 10 日内返还甲建筑公司保证金 50 万元。

2. 解决依据

《最高人民法院关于审理建设工程施工合同纠纷案件适用法律问题的解释》第十条规定："建设工程施工合同解除后，已经完成的建设工程质量合格的，发包人应当按照约定支付相应的工程价款；已经完成的建设工程质量不合格的，承包人请求支付工程价款的，不予支持。因一方违约导致合同解除的，违约方应当赔偿因此而给对方造成的损失。"

案例四 工程质量问题的合同价款纠纷

（一）案例背景

2000 年 4 月 19 日，甲公司作为发包单位，乙公司作为承包单位，签订了施工总包合同一份，约定：甲公司将某住宅小区工程项目发包给乙公司；合同第 21 条约定："保修期以乙公司将竣工工程交给甲公司之日起计算。保修期内乙公司在接到修理通知后 7 天内派人修理，否则甲单位可委托其他单位修理。因乙公司原因造成的费用，甲公司在保修金内扣除，不足部分乙公司交付。因乙公司以外造成的经济损失由甲公司承担。"此外，合同还对双方的其他权利义务进行了约定。2001 年 5 月，乙公司将第一期工程交付甲公司。后由于所交付的房屋出现雨后墙面、地下室等渗水，甲公司于多次向该工程各项目部发函提出意见，并要求维修和改进。其中 1 号 101 室有多次渗水保修记录，另有该房屋与 2 号 102 室伸缩缝之间的建筑垃圾问题，工程项目部也向乙公司提出，乙公司也派人对伸缩缝进行过修理。2005 年年初，第一期工程项目中的 1 号 101 室发包人以所售房屋存在渗水等质量问题，造成房屋室内装修损坏为由，分别向法院提出诉讼，要求乙公司赔偿装修损失。

（二）争议焦点

本案的一套房屋是否有质量问题以及乙公司是否应当承担甲公司向案外人赔偿的价款？

（三）争议解决

1. 解决结果

根据已经判决生效的案件中已查明的事实，认为房屋的质量问题，虽因发包人的原因而无法确定，但从双方当事人确认的修理情况来看，房屋的质量问题与伸缩缝的建筑垃圾有极大的关联，且双方当事人均确定在清除伸缩缝中建筑垃圾后未发生过房屋渗水现象。所以本案中渗水与乙公司的建筑质量有直接关系，乙公司应对此承担赔偿责任。

2. 解决依据

《关于审理建设工程施工合同纠纷案件适用法律问题的解释》（法释［2004］14 号）规定，发包人具有下列情形之一，造成建设工程质量缺陷，应当承担过错责任：1. 提供的设计有缺陷；2. 提供或者指定购买的建筑材料、建筑构配件、设备不符合强制性标准；3. 直接指定分包人分包专业工程。同时还规定，承包人有过错的，也应当承担相应的过错责任。

案例五 竣工日期模糊的合同价款纠纷

（一）案例背景

2010 年 2 月，甲公司与乙公司签订了一份《建筑装饰工程施工合同》，其中约定：甲公司将某酒店装修工程发包给乙公司施工，工期为 80 天，计划自 2010 年 4 月 9 日开工。合同签订后，乙公司按期进场施工。2010 年 5 月 11 日建设工程安全监督站出具安全监督记录，认为钢结构施工尚未审图应暂时停止作业。2010 年 5 月 28 日，环保局发出"绿色护考"防噪声承诺告知单，要求在 6 月 7 日～9 日，6 月 18 日～20 日考试期间，距考场 100 米范围内不得进行建筑施工作业。

2010 年 8 月 14 日，甲公司与乙公司及工程监理单位进行酒店装修工程竣工初验。初验后，乙公司出具了工程交接验收情况汇总，列明需修改及维修内容，并承诺在同年 8 月 16 日内全部整改完毕。次日，监理方出具的监理工作联系单中指出，通过验收后存在质量问题，乙公司承诺在 2 天之内全部整改完成。监理方亦对本次初验出具了工程交接验收证明单，认为该工程初步验收不合格，不可以组织正式验收。同年 8 月 16 日，乙公司向甲公司提交了关于申请工程正式验收的报告。该报告指出施工方已将修改维修部分实施完毕，要求甲公司及监理方组织政府质量验收部门及相关人员对工程给予正式验收。该工程未进行正式竣工验收。2010 年 8 月 28 日，该酒店开张试营业。

（二）争议焦点

工程竣工日期应为哪天？

（三）争议解决

1. 解决结果

2010 年 8 月 14 日，监理单位在对工程初验后认为需要乙公司进行修改。乙公司进行修改后于同年 8 月 16 日向甲公司及监理单位提交了关于申请工程正式验收的报告。但是甲公司在未组织正式验收的情况下，于同年 8 月 28 日开张营业。此后，该工程未再进行正式验收。依据《最高人民法院关于审理建设工程施工合同纠纷案件适用法律问题的解释》的规定，建设工程未经竣工验收，发包人擅自使用的，以转移占有建设工程之日为竣工日期。而工程移转占有即交付时间，可认定为发包人提前使用的时间。故本案例的竣工日期为甲公司实际营业使用之日，即 2010 年 8 月 28 日。

2. 解决依据

《最高人民法院关于审理建设工程施工合同纠纷案件适用法律问题的解释》第十四条规定："当事人对建设工程实际竣工日期有争议的，按照以下情形分别处理：（一）建设工程经竣工验收合格的，以竣工验收合格之日为竣工日期；（二）承包人已经提交竣工验收报告，发包人拖延验收的，以承包人提交验收报告之日为竣工日期；（三）建设工程未经竣工验收，发包人擅自使用的，以转移占有建设工程之日为竣工日期。"

案例六　工程设计变更的合同价款纠纷

（一）案例背景

2003 年 7 月，甲公司与乙公司签订了施工合同，由甲公司作为承包方，乙公司作为指定发包方，将某小区 2 号楼 B 区玻璃不锈钢阳台栏杆工程分包给甲公司，约定 2 号楼部分为一次性包干性质，B 区为单价包干性质，无合同内规定的设计变更，合同金额不做任何调整；分包单位不得变更或容许变更分包工程；只有建设单位有权发出指示要求做出设计变更，设计变更至合同文件或图纸所说明或绘制的结构、构建材料、设备在数量、功能、材质、品质或施工工艺上有不同的要求或改变等。

合同签订后，甲公司依约施工。在施工过程中，由于出现设计上的问题，于是其发文给乙公司，称现在阳台上安装的大理石在原来的施工图中是没有的，甲公司无法按原图纸安装阳台栏杆，故要求 B 区大理石边增加不锈钢立柱，该信函请乙公司在 14 内给予答复；若在该期限内不答复，则视为认可。乙公司在收到信函后未给予答复。

2006 年 7 月 24 日，甲公司向乙公司提交工程款的结算表，该表中列明 B 区的工程款为 353,982 元，竣工时间为 2004 年 1 月；2 号楼的工程款为 751,636 元，竣工时间为 2004 年 10 月。因乙公司未支付工程款，甲公司并提出诉讼，请求判令乙公司支付 B 区玻璃栏杆工程项目中增加的不锈钢立柱工程款 322,568 元（均已扣除质量保证金）及逾期支付的利息。

乙公司辩称，甲公司现在主张的增加部分工程款，是甲公司未经乙公司允许擅自变更施工方案导致工程量增加的，甲公司此行为违反分包合同详列的各项变更条件和签证程序，后果应当自负，故不同意甲公司的诉讼请求。

（二）争议焦点

甲公司在施工过程中变更了原设计，即在大理石边增加了不锈钢柱，由此产生的工程价款是否应当由乙公司支付？

（三）争议解决

1. 解决结果

从当事人履行合同的全过程综合分析，虽然甲公司未提供证据证明乙公司同意其施工中的变更设计行为，但是根据本案客观情况，甲公司在施工前已就此变更函告乙公司，且此变更系因为现场施工情况与原先签订合同的施工图纸有所不同引起，而乙公司在收到信函后未做出答复，应视为乙公司默认。另外，在这长达几个月的施工过程中，甲公司在原有的设计中增加了本案系争部分的施工，这在施工过程中是显而易见的，而乙公司作为发包方，应当知道该事实，且监理单位对此亦未提出异议，所以可以认定乙公司已默认了甲公司对此部分的增加施工，乙公司应承担支付相应的工程款。

2. 解决依据

《最高人民法院关于审理建设工程施工合同纠纷案件适用法律问题的解释》第十六条规定："因设计变更导致建设工程的工程量或者质量标准发生变化，当事人对该部分工程价款不能协商一致的，可以参照签订建设工程施工合同时当地建设行政主管部门发布的计价方法或者计价标准结算工程价款。"第十八条规定："当事人对工程量有争议的，按照施工过程中形成的签证等书面文件确认。承包人能够证明发包人同意其施工，但未能提供签证文件证明工程量发生的，可以按照当事人提供的其他证据确认实际发生的工程量。"

案例七　"黑白合同"引发的合同价款纠纷

（一）案例背景

2010 年 3 月，甲公司与乙公司签订《建筑装饰工程施工合同》。该合同约定，甲公司将某酒店装修工程发包给乙公司施工；承包方式为包工不包料；合同总价款暂定为人民币 3500 万元（其中人工费包干价为 146 万元）。该《建筑装饰工程施工合同》未经招投标管理部门备案。双方于 2010 年 4 月另行签订一份《建筑装饰工程施工合同》，并与 2010 年 4 月 10 日经该区建设工程招标投标管理办公室施工招投标备案，同时备案的有该区建设工程招标投标管理办公室盖章的《建设工程施工中标通知书》。上述备案合同约定：甲公司将某酒店装修工程发包给乙公司施工；承包方式为包工不包料；合同总价款暂定为人民币 4 500 150 万元。2010 年 4 月 20 日，乙公司进场开始施工。2010 年 7 月 26 日，该大酒店开张试营业。由于甲公司迟迟不支付乙公司工程欠款，乙公司于 2010 年 9 月 2 日提起诉讼，要求甲公司支付合同工程欠款共计 4 500 150 万元。

（二）争议焦点

备案合同与未备案合同哪个适用？

（三）争议解决

1. 解决方案

本案例中涉及两份合同，一份是甲公司所主张的人工给为 146 万元的合同，一份是乙公司所主张的包工包料总价为 4,500,150 万元的合同。根据《最高人民法院关于审理建设工程施工合同纠纷案件适用法律问题的解释》规定，当事人就同一建设工程订立的建设工程施工合同与经过备案的中标合同实质内容不一致的，应当以备案的中标合同作为结算工程价款的根据。乙公司所主张的 4,500,150 万元合同已由建设工程投标管理办公室登记备案，故应该以该合同约定的 4,500,150 万元作为结算工程款的根据。

2. 解决依据

《最高人民法院关于审理建设工程施工合同纠纷案件适用法律问题的解释》第二十一条规定，"当事人就同一建设工程另行订立的建设工程施工合同与经过备案的中标合同实质性内容不一致的，应当以备案的中标合同作为结算工程价款的根据。"

案例八　工程款结算依据引起的合同价款纠纷

（一）案例背景

2009 年 4 月，甲公司于与乙公司签订某厂房装饰工程施工合同一份，约定由甲公司承建某厂房工程。合同约定，竣工验收后，乙方提出工程结算并将有关资料送交给甲方，甲方自收到材料 7 日内审查完毕，到期未提出异议，视为同意，并在 3 天内结清尾款（质量保证金除外）。合同签订后，甲公司进场进行施工。2009 年 8 月 9 日，甲公司完成施工任务并于同年 8 月 15 日竣工结算文件送达乙公司，其中竣工结算文件中确定的工程价款为 854 647 元。同年 9 月 3 日，乙公司开始使用该工程，并陆续向甲公司支付工程款共计 563 852 元。甲公司认为，其按约施工、按期竣工，并验收合格后将总金额为 854 647 元的工程竣工结算文件交于乙公司的相关人员，但乙公司收到该竣工结算文件后一直未提出异议，虽然乙公司已经支付工程款 563 852 元，但乙公司仍拖欠甲公司工程款 290 795 元。故诉至法院，要求乙公司支付工程欠款 290 795 元。

乙公司认为甲公司施工的工程具有质量问题尚未返修，应根据合同约定进行审计后才能确定工程款，现在工程量正在审计中，故不同意甲公司按其竣工结算文件中确定的工程款数额支付工程余款。

（二）争议焦点

乙公司是否应根据工程竣工结算文件中内容支付工程余款 290 795 元。

（三）争议解决

1. 解决结果

本案例中双方当事人签订的某厂房装饰工程施工合同是当事人双方真实意愿的表示，且未违反法律法规的禁止性规定，对双方当事人具有法律约束力，双方当事人应该按照约定全面履行自己的义务。及公司按照合同的约定履行了施工义务，并经竣工验收，而且乙公司也使用了甲公司交付的工程，所以甲公司理应支付工程余款 290 795 元。

2. 解决依据

《最高人民法院关于审理建设工程施工合同纠纷案件适用法律问题的解释》第二十条规定，"当事人约定，发包人收到竣工结算文件后，在约定期限内不予答复，视为认可竣工结算文件的，按照约定处理。承包人请求按照竣工结算文件结算工程价款的，应予支持。"

案例九　工程款利息支付引发的合同价款纠纷

（一）案例背景

2007 年 11 月 20 日甲公司（甲方）与乙公司（乙方）签订某工程的《建筑

工程承包合同》，合同中约定，乙方提供结算报告的时间为提交竣工报告后 30 天内，甲方批准报告的时间为乙方提交结算报告的时间为提交竣工报告后 30 天内审核完毕，甲方在批准审核报告后 7 天内支付工程余款。双方当事人还约定甲方违约须按照银行计划外贷款利息向乙方支付拖欠工程款的利息。上述合同签订后，乙方于 2008 年初开始项目的土建施工，2009 年 8 月，虽然工程尚未竣工验收，但甲公司已对该工程进行使用。同年 11 月份甲公司与乙公司签订《会议纪要》，该会议纪要重新规定了拖欠工程款的利息，将原合同中规定的"银行计划外贷款利息"降低为月息 10.98‰ 计收，并约定工程款于 2009 年年底付清。同时规定该纪要作为合同的组成本分，与合同具有同等法律效力，纪要与合同的约定由歧义之处，应以纪要为准，纪要中未涉及者，均按合同执行。整个工程则于 2010 年 3 月办理了竣工验收手续，同年 5 月份乙公司将工程审价审定单寄送给甲公司，由于甲公司对该审价审定单不予确认，遂提起诉讼，要求甲公司支付工程余款，并按照"银行计划外贷款利息"标准支付相应的利息。而甲公司认为，乙公司所订立计息计算标准过高，不予支付。

（二）争议焦点

拖欠工程款的利息应如何计算？

（三）争议解决

1. 解决结果

该案例在合同中曾对拖欠工程的利息作出约定，但之后又根据实际情况签订了《会议纪要》，乙公司明确表示愿意将拖欠工程款利率由"银行计划外贷款利息"降低为月息 10.98‰ 计收。故甲公司应以月息 10.98‰ 标准支付给乙公司利息，利息应从 2010 年 1 月 1 日起计算。

2. 解决依据

《最高人民法院关于审理建设工程施工合同纠纷案件适用法律问题的解释》第十七条规定："当事人对欠付工程价款利息计付标准有约定的，按照约定处理；没有约定的，按照中国人民银行发布的同期同类贷款利率计息。"第十八条规定："利息从应付工程价款之日计付。当事人对付款时间没有约定或者约定不明的，下列时间视为应付款时间：（一）建设工程已实际交付的，为交付之日；（二）建设工程没有交付的，为提交竣工结算文件之日；（三）建设工程未交付，工程价款也未结算的，为当事人起诉之日。"

参考文献

[1] 张水波，何柏森．工程项目合同双方风险分担问题的探讨 [J]．天津大学学报（社会科学版），2003（03）：257-259.

[2] 柯永建，王守清，陈炳泉．基础设施 PPP 项目的风险分担 [J]．建筑经济．2008（4）：31-35.

[3] 赵华．风险分担对工程项目管理绩效的作用机理研究 [D]．天津：天津大学，2012.

[4] 杜亚灵，尹贻林．社会资本视域下风险分担与工程项目管理绩效的关联研究 [J]．华东经济管理，2012（3）：122-127.

[5] 柯洪．从 Partnering 模式分析我国建筑项目管理的发展路径：一个基于社会资本理论的观点 [J]．有色金属，2007，03：107-111

[6] Frederick A. Entrepreneurial risk allocation in public-private infrastructure provision in South Africa [J]. SouthAfrican Journal of Business Management，2002，33（4）：29-40.

[7] Ahwireng-Obeng and J. P. Mokgohlwa. Entrepreneurial risk allocation in public-private infrastructure provision in South Africa [J]. S. Afr. J. Bus. Manage. 2002, 33（4）：29-40.

[8] Hayford，O. Successfully allocating risk and negotiating a PPP contract [C]. Sydney，Australia：The 6th Annual National Public Private Partnerships Summit，May16-17，2006.

[9] 柯洪，李赛，杜亚灵．风险分担对工程项目管理绩效的影响研究——基于社会资本的调节效应 [J]．软科学，2014，02：61-65.

[10] 柯洪，白洁，鲁宝智．基于粗糙集理论的合同不完备性评价研究——以 07 标准施工招标文件为例 [J]．科技进步与对策，2012，29（18）：86-90.

[11] 鲁宝智．07 标准施工招标文件下合同不完备性的度量及补偿研究 [D]．天津：天津理工大学，2012.

[12] 柯洪，吕廷竹，杜亚灵．基于 SEM 的工程合同不完备性测度研究 [J]．北京理工大学学报（社会科学版），2014，02：69-75.

[13] 王利明．合同法研究 [M]．北京：中国人民大学出版社；2003：467.

[14] 谭敬慧，蒋宗展．建设工程施工合同（示范文本）（GF-2013-0201）使用指南．[M]．北京：中国建筑工业出版社．

[15] 张廷学．地震引发的建设工程施工合同履行问题探讨 [J]．建筑经济，2010（08）：45-46.

[16] 柯洪，尹贻林．公共工程项目供应链管理理论研究 [J]．科学学与科学技术管理，2005，07：149-152

[17] 柯洪，李英一．基于权力运作理论的评标权力寻租的防范研究 [J]．华东经济管理，2012，02：130-134

[18] 柯洪，白洁，鲁宝智．专用合同条款下承包商应对发包人再分配风险的策略研究 [J]．建筑经济，2012，05：65-69.

[19] 万礼锋，尹贻林，柯洪．建筑业伙伴关系模式及其制度规制研究 [J]．北京理工大学学

报（社会科学版），2010，06：57-60.

[20] 柯洪，刘秀娜. 运营功能优先的基础设施建设项目设计阶段造价控制研究［J］. 科技进步与对策，2014，11：105-109.

[21] 全国造价工程师职业资格考试培训教材编审委员会. 建设工程计价［M］. 北京：中国计划出版社，2013.

[22] 柯洪，刘一格，刘秀娜. 建设工程施工招投标与合同管理［M］. 北京：中国建材工业出版社，2013.

[23] 严玲，尹贻林. 工程计价实务［M］. 北京：科学出版社，2010.

[24] 周和生，尹贻林. 工程造价咨询手册［M］. 天津：天津大学出版社，2012.

[25] 中华人民共和国国家标准. GB50500-2013 建设工程工程量清单计价规范［S］. 2013.

[26] 中华人民共和国国家标准. GB50500-2008 建设工程工程量清单计价规范［S］. 2008.

[27] 中华人民共和国国家标准. GF-2013-0201 建设工施工合同（示范文本）［S］. 2013.

[28] 中华人民共和国国家标准. GF-1999-0201 建设工施工合同（示范文本）［S］. 1999.

[29] 奚晓明. 建设工程合同纠纷［M］. 北京：法律出版社，2013.

[30] 刘伊生. 建设工程招投标与合同管理［M］. 北京：北京交通大学出版社，2008.

中国建材工业出版社
China Building Materials Press

我 们 提 供

图书出版、图书广告宣传、企业/个人定向出版、设计业务、企业内刊等外包、
代选代购图书、团体用书、会议、培训，其他深度合作等优质高效服务。

编 辑 部　　宣传推广　　出版咨询　　图书销售　　设计业务
010-88386119　010-68361706　010-68343948　010-88386906　010-68343948

邮箱：jccbs-zbs@163.com　　网址：www.jccbs.com.cn

发展出版传媒　　服务经济建设

传播科技进步　　满足社会需求